父母的话语，影响孩子的一生·送给中国父母的亲子沟通话术宝典

有能量的父母话术

应对中国父母教育孩子的
85个高频亲子关系难题

张 濮 著

把握7-14岁亲子沟通关键期
培养内心强大的优秀孩子

中国农业出版社

北 京

序

这本书的成型，还要感谢本书的编辑宁老师。

早几年，我和宁老师相识，她得知我的课程有亲子的部分，也知晓我一直在做家庭关系、孩子成长、高考应对等方面的心理咨询，于是我们相约畅谈过多次。去年秋高气爽之时，疫情得到有效的控制，我们再次见面，便有了这本书的创意。

疫情期间，我接到更多于往常的个案，其中大部分又都与孩子学习态度问题和学习状态问题有关，这些问题令家长几近崩溃，好似刚播放结束的电视剧《小舍得》中的几位妈妈。在生活中，我的身边、家人朋友的身边，无不触及孩子的培养和教育的问题。我在企业和组织的讲课或培训中，或讲课之余延伸出来的个人咨询，也基本上都关于孩子、关于亲子关系和孩子的成长。

家长对孩子有很多的期待，而这些期待多是我们家长自己没有完成的，或者我们已经做到了，但生怕在孩子这里丢失了，比如高学历的传承，比如优渥的生活品质，比如事业的成就等。但父母的期待，似乎总是不能在孩子这里获得满足，不仅如此，孩子还会令期待满满的父母跌入失落甚至痛苦的深渊。谁之错？其实谁也没错！家长和孩子都有自己的理由，每个人的理由相对于他自己来讲都是对的。只不过，他们是两代人从时间和空间上错位了。

我自己也是一位母亲，在孩子的儿童时期和少年初期，我也同样面临诸多的亲子问题。但那时，我有幸进入了心理学的领域，并将所学应用于我的生活。我在心理学的滋养中成长，也把这份滋养渗透给家中和身边的每一个人。若干年后，即将大学毕业的孩子和我闲聊："妈，我怎么就没有过青春期的逆反？我是不是该补一补？"我笑着回答说："可以啊！你想怎么补都行！你妈我都接着。"儿子说："唉！算了吧！我是觉得自己比别人幸福，有点儿不好意思了都。"是啊！一个让孩子无处"逆反"的妈妈，是不是有些另类呢？其实，正如书中所讲，孩子的逆反，不是孩子的逆反，而是父母逆反孩子的长大。

本书选取了85个问题，都是7～14岁孩子的家长普遍关心的问题。它们常常出现在个案咨询中，也常出现在我于各种场合接收到的提问中。同时，这也是编辑在各类家长论坛中做过数据统计的高频问题，家长可能在很多书籍和文章中也见到过类似问题的论述。而本书之所以从这些问题入手，最主要的目的，就是希望能够给予读者朋友一些实际可以操作的建议，以便大家在问题发生时跳出理论仍能有法可循，以解决问题为主，为在困惑中的家长和困境中的孩子们打开一扇透气的窗户。

感谢我的父母，在我5岁的时候，已经培养我认字能力并读大量的字书，那是小人书盛行的时期，但我的小人书很少。父亲大学毕业留校，依靠学校的图书馆，父亲每两周都会给我借出一摞十几本的字书，在我小学的后期，我已经跟着父亲去图书馆高高的书架丛中，照着父母和邻居中文系的阿姨开具的书单找寻书籍了。我那时的感觉是在书山中穿行，墨香混合的纸香是我最爱的味道。

感谢心理学学习中帮助过我的诸多前辈和老师，尤其是我在清华心理学系在职研究生的学习期间，系主任彭凯平老师带来的积极心理学让我打开眼界并在日后的专业实践中受益良多。感谢系领导曾经支持我们在心理学系发展中心的工作，给予了我们将心理学服务于社会以有力的支持，时光短暂，但于我却是收获良多的经历。也感谢我教过的学员，感谢给予我故事的个案，是他们成就了我今天对心理学在生活和工作中应用的各种体验和经验。

书中的话术，旨在抛砖引玉，有些可以直接引用，有些则体现方向的描绘。孩子的成长不是一蹴而就的，它是漫漫人生路的开始，而在这条路上，父母的言行，才是孩子学习的范本。父母不可能做全所有的榜样，但父母的价值观、人生观、生活观等却是孩子一生的天际线。

在本书写作过程中，因为内容涉及的方面广而杂，难免因个人水平所限，不能做到周而全，但力求实用，希望有机会能和广大的爸爸妈妈们一起来做更多的探讨。

张濮

2021.05

目　录

序

第一章

督促学习这样说，轻松启动孩子的内驱力

面对孩子的终极提问"为什么每天都要上学"：

变被动为主动 …………………………………………… 2

孩子写作业总是不专心：

给孩子安宁的心和安宁的环境 ………………………… 5

孩子总是玩到很晚才开始写作业，每天晚上都像打仗：

孩子的需求和家长满足方式的错位 …………………… 10

孩子写作业敷衍了事：

家长管多了，孩子的自觉性就小了 …………………… 16

孩子回家就打游戏：

启动家庭的"动力链条" ……………………………… 19

孩子测试成绩不够好，家长怎么询问：

忽略期待，关注孩子 …………………………………… 23

孩子遇到问题就说"我不会"：

找到"我不会"背后的"心理诉求" ………………… 28

孩子学习偏科：

给"俄狄浦斯情结"一个升华 ………………………… 32

临近考试，如何鼓励孩子：

营造平常心，对抗"考前焦虑综合症" ……………… 37

孩子不愿意上辅导班：

强迫孩子一定怎样，反而让孩子更逆反 …………… 41

"为什么别人可以做到，你就不行"：

这句话的杀伤力，在于它的暗示作用 …………… 45

孩子说不想上学了：

上学，是对孩子"社会适应性"的考验 …………… 49

孩子觉得学习没用，想当UP主：

从孩子正向的期待入手去引导 …………… 53

第二章

帮孩子融入校园生活，这些"定心丸"是关键

孩子三天两头生病，影响上学：

"身心症"的表达 …………… 58

孩子上课不听课，爱和老师顶嘴：

孩子行为的背后是期待 …………… 62

孩子对老师有不满：

有父母的那个家是孩子心中唯一的港湾 …………… 66

孩子在学校犯了错：

边界感要从孩子小时候开始培养 …………… 69

孩子喜欢向老师"告状"：

主动求助是一种能力 …………… 72

如何询问孩子在学校是否受到欺负：

就观察到的孩子的状态询问 …………… 76

孩子放学后，家长怎么询问一天的学习状况：

越是盯着问，孩子越容易生出反抗之心 …………… 80

发现孩子考试作弊：

所有风险行为背后都会有利益的存在 ……………… 85

孩子在学校被欺负，要怎么教他有效保护自己：

家长要挺身而出做孩子的后盾 ……………… 89

怎么预防孩子被校园暴力：

教育孩子关注自己的言行 ……………… 95

第三章

要孩子性格好、朋友多，先给足孩子社交的自信心

孩子胆小内向：

有力量的妈妈胜于一切"武器" ……………… 100

孩子在外和小朋友发生冲突：

家长学会适当放手，才能给孩子更好的成长空间 ……………… 103

孩子和小朋友在一起总是落单：

允许孩子可以在"圈"外观望和犹豫 ……………… 107

孩子跟朋友一起谈论别的小朋友不好的事：

"八卦"也是发展友谊的一种方式 ……………… 113

孩子觉得交不到真心朋友：

有时候，孩子并不是真想要得到大人的帮助 ……………… 118

孩子交友被拒绝：

对孩子更有影响的是家长的态度 ……………… 122

孩子不肯分享玩具：

家长可以做"支持型的旁观者" ……………… 126

孩子比较霸道，不肯与别人合作：

过度的控制，是因为怕失控 ……………… 129

小朋友对异性同学说"我爱你"：

5～7岁，孩子会展开"婚姻敏感期" ·················· 134

孩子"早恋"：

在原生家庭中的情感需求没有得到满足 ·················· 137

第四章

父母学会表达爱 ， 孩子走到哪里都充满力量

孩子不尊重家里的老人：

家庭中"三角关系"的处理 ·················· 142

父母一说话，孩子就嫌烦：

对孩子多一些信任，少一些督促 ·················· 145

孩子总对父母发脾气：

孩子发脾气，往往是父母"逼迫"的产物 ·················· 148

除了"宝贝我爱你"还有什么话可以向孩子表达爱：

具体地赞美孩子的正向特质 ·················· 152

家长要在孩子面前表露出"赚钱辛苦"的态度吗：

家长要分清哪些是自己要承担的责任，和孩子无关 ·· 156

大娃和二娃之间争抢：

智慧的家长，不参与孩子的争抢 ·················· 159

孩子喜欢攀比，嫌弃家里穷：

父母自信了，才能将这份自信传递给孩子 ·················· 162

经常加班出差，怎么跟孩子增加亲密度：

创造属于自己家人的文化，让孩子可以更深切体会父母的关爱 ·· 168

"我不要你了"这句话为什么不能说：

安全感是一个人成长过程中最重要的基石 ·················· 173

孩子不想上学，将来怎么独立：

这是家长自己内在的恐惧 ·· 177

小孩不肯分床睡：

给予孩子与父母"分化"的基本环境 ······························ 182

孩子希望父母陪着一起玩，但父母工作太忙：

让孩子理解的方法 ·· 186

第五章

孩子自我管理能力强，是在向父母口中优秀的自我做认同

家长如何有效地给孩子立规矩：

让孩子可以认同一个好的自己 ·· 192

立好规矩之后，孩子不好好遵守：

没有不想遵守规矩的孩子，只有不了解孩子心思的父母 ··········· 196

当孩子说"我想再玩一会儿"：

孩子在和限制他的家长争取"支配权" ···················· 201

孩子晚上不睡早上不起：

时间观念是表象，真正的原因是孩子在寻求父母的关注 ··········· 205

老人过度溺爱孩子，父母如何劝阻：

整理好家庭关系的边界 ·· 209

孩子喜欢宅家，怎么让孩子走出家门：

从孩子不喜欢的事物中找到在意的事 ···························· 215

孩子做什么都问爸爸妈妈的意见，依赖心强：

及时给予孩子的"成长力"以释放的空间 ···················· 219

对孩子怎么夸奖才合理：

家长从内心感到孩子的好，客观夸赞 ···························· 225

第六章

高素养的小孩人人爱，积极心理和边界感不能少

孩子说脏话：

教会孩子什么样的语言能更好地表达情绪 ················· 230

发现孩子撒谎：

问题背后都有正向的期待 ······································ 233

孩子说话总用攻击性的语言，比如"你去死吧"：

愤怒不去化解，有可能会质变成"反社会人格" ··········· 236

孩子爱吹牛，说话夸张：

孩子的言谈举止是父母不断强化的结果 ······················ 240

火车上孩子大声说话、打闹：

孩子会学习家长的言行，即对家长认同 ······················ 245

孩子偷拿别人的东西：

从延迟满足的角度来看待 ······································ 249

孩子见到外人，不肯叫叔叔阿姨：

孩子启动的是保护自己的独立感和自尊感 ··················· 253

孩子开玩笑过火：

防御机制可以掩饰紧张，但会让人无法真诚地表达自我 ··· 258

怎么教导孩子不要随便接受别人的礼物：

正确训练孩子的人际边界感 ···································· 262

怎么教育孩子学会感恩：

行为的不断重复，可以让我们的心态随之改变 ············· 266

第七章

自我意识的暴涨期，给孩子更高自我价值感

被孩子嫌弃丑，家长怎么办：

父母，是孩子人生的第一块"模板" ………………………… 272

当孩子说"你凭什么管我"：

在孩子成长的领域后退一步，给孩子自主的空间 ………… 276

孩子特别介意被人评价自己的外形：

家长接纳、包容和淡定的态度是孩子的"定心丸" ………… 280

孩子喜欢化妆，过分在意外表：

允许和陪伴孩子享受爱美的体验，孩子便不会流连其中 …… 284

如何应对孩子的"为什么别人可以，我不行"：

孩子对家长的反抗，是获得自己独立人格的过程 ………… 288

孩子知错不改：

父母严苛的态度是孩子心灵成长的大忌 …………………… 292

孩子输掉了很看重的比赛，心情沮丧：

孩子的胜负观，多来自家长 ………………………………… 297

孩子表现欲太强，喜欢直接指出别人的错误：

不同教养方式塑造不同孩子 ………………………………… 301

孩子做错事，总爱找借口推脱责任：

每个生命都是趋利避害的 …………………………………… 307

如何教导孩子坦然接受批评：

被接纳和认可的孩子，自我价值感更高 …………………… 313

孩子寄宿在别人家感到自卑：

让孩子在有连接和有保障的关系中获得安全感 …………… 316

家长觉得自己做错了，怎么向孩子道歉：

学习做一个有主见，会"听话"的家长 …………………………… 320

第八章

当家长改变说话的方式，孩子的问题都将迎刃而解

孩子跑丢找回之后，家长如何教育：

孩子最大的恐惧就是家长的情绪失控 …………………………… 326

夫妻发生争执时被孩子碰见，如何解释：

离开和对方对峙的区域，再对孩子解释 ………………………… 330

孩子要离家出走：

家长改变和孩子的说话方式，让孩子产生安全的依恋关系 ……… 334

孩子一逛街就要买玩具：

玩具在孩子的眼中，是依恋关系的替代 ………………………… 339

发现孩子翻父母的钱包：

当一个行为不被允许的时候，就有着相当的吸引力 …………… 343

孩子在聚会上被大人数落，父母要维护孩子吗：

不要把孩子丢在大人的世界不管 ………………………………… 346

孩子想自杀，父母应该怎么劝：

孩子的负面行为，是在向父母寻求关注 ………………………… 350

孩子交到"坏"朋友，逃学打游戏：

孩子交的朋友，多体现他的互补性人格 ………………………… 355

发现孩子被异性摸了隐私部位：

家长的情绪失控，反而给孩子带来更大的阴影 ………………… 359

家长如何应对孩子逃学：

从积极心理学的角度看待孩子不去上学的原因 ………………… 365

第一章

督促学习这样说，
轻松启动孩子的内驱力

面对孩子的终极提问"为什么每天都要上学"：
变被动为主动

当孩子问你，为什么每天都要上学的时候，往往可以分成两个方面来看待这个问题。

一方面，孩子在与上学相关的活动中得到了一定的负面信息，从而引起孩子本能的逃避心理，这个信息可能来自学校、课堂，甚至上下学路上、写作业时的困难，或者仅仅是重复的生活等"痛苦"的体验。

另一方面，孩子产生"为什么"的疑问，可能不是因为"上学"这个活动本身发生了什么，而是由于其中的经历没能满足孩子相关的心理需求。换言之，相较于"上学"，孩子有更渴望参与的活动，对于孩子来讲，不上学可能更接近于趋利避害中的"利"。

总之，孩子问出这样的问题就像成年人问出"为什么要上班"一样，需要一个强有力的说服条件。

但孩子的各种疑问，未必是真的想要向家长提问而获得答案，孩子往往是通过提问，引起家长对他的关注，或者想告诉你发生的事情，但不知如何开口，就变成了一个"终极问题"——"为什么要上学？"

问题本身不是问题，为什么问这个问题才是问题呢？

当家长面临孩子提出的"我为什么每天要上学"这个问题的时候，不必惊慌。只要想一下孩子为什么会问出这个问题，然后去询问孩子就可以了。

家长可以问"咦，我很好奇你怎么会想到问这个问题"或"发生了什么让你有这样的疑问"从而引出孩子自己的解释。

也可以回应"嗯，你这个问题问得好"。先肯定，继而可以说"让你产生这种思考的原因是什么呢"或"发生了什么，会让你有这样的思考呢"。

这样的提问，都是站在一个不把问题当"问题"的角度，是一个尊重孩子"可以有疑问"的角度，是一个对孩子成长中出现这样和那样"状况"很包容的角度。

家长对孩子提出的各种问题之所以会紧张，是基于家长自己的成长经历和负面经验，或者是家长自己的担心，家长会把自己的担心"投射"到孩子身上，让孩子去承担那个他恐惧的自己。家长"恐惧"的是什么呢？多是我们无法满足的愿望，比如"不上学将来就考不上大学，考不上大学就找不到好工作，找不到好工作就要靠父母我来养活你，而我真的不敢保证我可以养你一辈子，或者我可担不起养你一辈子……"

问题本身不是问题，为什么问这个问题才是问题呢。

孩子对于家长的焦虑是非常敏感的，当家长对自己的焦虑减少了，那么应对孩子成长中出现的"突发状况"时也就没有那么紧张了。孩子提问题，家长都可以反问"咦！你怎么想到问这个问题"，变被动为主动，自如应对孩子各种"刁钻古怪"的问题，"兵来将挡水来土掩"，并引发孩子自己的思考，从而可以做个智慧家长。

话术

面对孩子的终极提问"为什么每天都要上学"：

● 你这个问题问得好！让你产生这种思考的原因是什么呢？

心理小知识

引用几位名人的话，李大钊说："知识是引导人生到光明与真实境界的灯烛，愚暗是达到光明与真实境界的障碍，也就是人生发展的障碍。"高尔基说："经常不断地学习，你就什么都知道。你知道得越多，你就越有力量。"茅盾说："书本上的知识而外，尚须从生活的人生中获得知识。"可见，学习本来的意义，不是为了考试、升学，而是为独立于社会，为成为一个独立自主的人做准备，是为了自身生命的不断成熟与人格的不断完善而学习。当我们的家长不再把孩子学习的意义局限在考试升学上，让孩子体会学习的乐趣和自主的快乐，孩子就不会再抵触学习了。

孩子写作业总是不专心：
给孩子安宁的心和安宁的环境

　　孩子写作业总是边写边玩儿、拖拉，是大部分家长都遇到过的问题。这一般都是因为孩子的心神不安定，我们可以从几个角度看一看。

　　第一，孩子不能够或潜意识中不敢投入眼前的事情，他或许担心一旦进入一个专心致志的状态，就会有不好的事情发生。

　　比如大人不见了，尤其是妈妈不见了，哪怕妈妈只是出去买菜去了，这也让他恐慌。

　　或者家里出现了什么新奇有趣的事情让他错过了。有的孩子家庭成员比较多，这个来了、那个走了，这个带来了什么好吃的和好玩儿的、那个什么时候忽然就出门了，这样纷繁的家庭景象，是让孩子觉得有趣的，但孩子一旦进入一个专心写作业的境地，并且家长一般还可能给孩子把房门关上，房门外面的世界让他惦记却又不能参与，心怎么能安定下来呢？

第二，孩子那么不喜欢眼前的作业，因为他曾在作业这件事情上受过挫折，留有不愉快的记忆。

孩子只要在某件事情上受过挫折，他就会留有心理阴影。就像我们常说的"一朝被蛇咬，十年怕井绳"。这个受挫，有可能来自老师的批评，有可能来自同学的竞争攀比，也有可能来自家长的批评。有一对学历很高的夫妇，他们满口对孩子的各种不满，字写得不好看啦，作业本又脏又乱啊，手指甲里全是泥就不知道洗干净了再写作业啦，不一而足。

第三，孩子还没学会、没弄明白如何写作业。

这种情况多发生在小学一年级的时候。上小学对孩子来讲，从幼儿园的小朋友成为一名小学生，把它称为"人生的第一次质变"。当孩子还没有学会适应这个质变，他还没有学会如何更好地听讲和如何记笔记，更没有学会如何写作业。可是他又不能问，一问，家长就要斥责他"别人家的孩子都会，怎么你就不会"。他想写，因为至少他还坐在书桌前。但他真有好多的疑问在心里，写也不是，不写也不是。

我曾辅导过一个妈妈，她的儿子看图写文不及格，已经开学好久了，老师频频找来。正巧我们在一起工作，我了解了一下情况后就告诉她：孩子不是一开始就会看图写文的，都需要有一个训练的过程。但更重要的是让孩子觉得安宁，让孩子有安宁的心和安宁的环境。你可以坐在一张大椅子上，让孩子坐在你的前面，你们共坐一把椅子，孩子小小的身躯靠着你，他觉得安心。然后你用手把着他的小手，带他一起看图上有什么，比如有小猫、小河、小鱼，然后再看小猫在干什么，在拿着鱼竿，小鱼在鱼钩下面等图上的内容。一边带他看到这些，一边写下来。

这个妈妈问我："啊？这么复杂呀！那孩子从此依赖上我怎么办？"

我说，你把着他的手引导他，但每个生命都是要自主的，他顶多让你把一个礼拜，就会不要你的"束缚"了。结果，你猜这个孩子多久就不要妈妈把着手写字了呢？半分钟不到。这个妈妈刚带他这样做，孩子马上挣脱妈妈的手说"我知道了，我自己来"，于是在第二天的作业评分中，老师给了他一百分。老师都惊讶了，以为是妈妈代写的。从此，这个孩子在写作方面完全是优等生了。

是的，有些时候，事情就是这么神奇且往好的方向发展。只要我们给孩子一个"学徒期"。

第四，还有一种情况，孩子从小被夸"聪明"。

有的孩子真的是非常有灵气和反应快，从小就被许多人夸奖聪明，这样的孩子内心里很是骄傲。他要保持他"聪明"的称号，就要各方面都体现出"聪明"，但学习是个细致的活儿，不是全靠那灵光一闪的聪明就可以做到优秀的。孩子小的时候都会看图画书和各种儿童故事，里面"笨鸟先飞"的笨鸟，就需要努力才可以。

那么，一个聪明人，如果他专心写作业而又没写好写对，被老师批评，他就会觉得自己不聪明了，不聪明了就代表失败了，那不如根本就不用功、不认真，而不是不聪明，显得更有面子。

所以，这个时候，我们该体谅孩子的"左右为难"，可以告诉他："如果聪明再加上用心（不要说用功，因为"用功"二字会让孩子不知道怎么才算用功，但用心是很清楚的），遇到不明白的可以来问爸爸妈妈，这样你会越来越棒（越来越棒表明你本来就棒，这样一来你就会棒上加棒）。"

第五，孩子有其他的心事，比如父母吵架离婚，喜欢某个小伙伴，心里惦记着什么玩具等。每个家庭的情况不一样，但让孩子无法安心，才是他写作业边写边玩的动因。

有一个一年级的小男孩，因为刚上学成绩不符合爸爸妈妈的理想，爸爸妈妈觉得孩子需要监督他学习，就把孩子房间的门给卸掉了。结果孩子的成绩越来越下滑。父母带他寻求心理帮助，孩子告诉老师，他觉得没有门特别害怕，总觉得有什么东西会突然袭击他。老师和孩子的父母沟通后，父母才了解到此事的危害，于是把门安了回去。并且改善了对待孩子的态度，孩子的成绩很快就得到恢复，并且有了提升。

孩子的世界不是我们大人所想那么简单。从出生到长大，孩子的心路历程是我们大人想象不到的。我经常在课堂上问一些成年人，你们还记得小时候的事情吗？还记得孩童时期经历的事情和情感吗？许多人都说忘了。而我，会记得小时候的经历，从4岁多到成年，每一段我都会记得，我会用当时我的感受来体会孩子的感受。希望做家长的可以把自己放低到你孩子现在的年龄来和他对话，给予他内心的安全感。

心，安定了，孩子才能专心学习。

话

术

孩子写作业总是不专心：

● 如果孩子不安心学习，比较浮躁，不要责备孩子，可以对孩子说"你安安静静、踏踏实实写作业，妈妈就在厨房做饭。你需要妈妈的时候叫我一声，我都在"，然后拥抱或亲吻一下孩子，把孩子房间的门带上。

● 如果孩子作业写不好，或者老出错。可以对孩子说"没关系，多练习几次就会好起来""每个人都是要耐心练习很多遍才能做好做对的。妈妈相信你会很棒的"。

孩子总是玩到很晚才开始写作业，每天晚上都像打仗：
孩子的需求和家长满足方式的错位

　　孩子因贪玩而迟迟不去写作业，这在任何年龄的孩子身上都有可能发生，尤以小学生为甚。孩子回家后不想开始写作业，屁股上像长了刺——坐不住；心里面像长了草——静不下。但学生的作业普遍较多，不赶快写、不快一些写完，就会拖到很晚。大人禁不住疲惫，情绪就受影响，对孩子就会不耐烦，难免和孩子恶语相向，孩子受不了就会回击或反抗，而孩子的反抗又会引发家长更坏心境和情绪的升级。久而久之，家庭氛围和彼此的身心都受影响，孩子的成绩依旧提不上去。家长着急且疲惫不堪，对孩子无计可施；孩子愈发不能以好的状态进入学习。

● 孩子过早进入知识的学习

面对这样的现象，首先，家长要知道这不只是自己家的特殊现象，而是全社会的普遍现象，社会现象的存在一定和我们这个时代普遍的价值观有关联。我们的家长都怕孩子输在起跑线上，早早把孩子推到竞争的"跑道"上，让孩子过早进入知识的学习中。殊不知，孩子早期的游戏就是最好的学习和训练。而这种学习和训练本应是随着孩子生命成长的节奏自然而然的，而不是为了孩子之间的比赛、家长之间的攀比的。

每种现象的背后，原因都不是单方面的，一定是家长和孩子双方的原因。而在家庭教育中，这些现象起因都是孩子从出生到长大他的需求和家长满足方式的错位带来的。

● 孩子内在的自主需求不断成长，家长却通常把孩子这种需求忽略或压制

孩子总是玩到很晚才开始写作业，家长们可以在情绪产生之初，先给自己一个停顿，思考一下，再看如何应对孩子。

首先有两个方向的思考：第一，是不想结束玩。孩子是没玩痛快，一直是一边玩一边接受家中大人的唠叨，还是玩得太尽兴了，以至于像转起来的陀螺无法停止呢？第二，是不想开始写作业。孩子是一直都不喜欢写作业，还是面对这次的作业有畏难情绪呢？这两个方向的思考，就好比家长在放了长假后不想上班一样，快乐的事情不想结束，有限制且被要求做的事情不想开始。家长分析了原因之后，就可以开启和孩子的对话。

　　针对孩子的情况，家长可以说"我知道你玩起来很开心，但是作业也要完成，你打算怎么安排你的时间""妈妈需要你10点上床睡觉，现在是下午6点，你有4个小时的时间，你自己评估一下写作业要几点到几点，告诉妈妈，那么这个时间就给你自己安排，等你玩的时候，请你带上我"。这样，孩子知道安排时间这件事自己是可以控制的，他的自主性就被激发出来了。孩子身体成长的过程，也是他内在的自主需求不断成长的过程。我们家长通常都会把孩子这种需求忽略或压制，觉得孩子不管就不行，结果一个想往上长，一个拼命往下压，这样不打架才怪。再有，孩子也会知道他写作业的时候，父母不在旁边"监督"他，他就很安心。况且他玩的时候，爸妈还可以被他带领，又陪着他，孩子就会觉得很开心。因为，很多孩子都会要求"爸爸妈妈你们陪我玩会儿吧"这种要求，而这时很多家长都会说"你自己玩儿，爸爸妈妈还有事情忙"。

　　其次的思考是：孩子行为背后的需求是什么呢？是否孩子有寻求关注的意愿，而家长一般都在忙自己的事情，对孩子忽略过多呢？当孩子想获得父母关注的愿望得不到满足，他就会以行动和父母对抗：你想让我怎样我偏不怎样，你不想我怎样我偏要怎样。这样，就会让父母在和他周旋的过程中，获得父母更多的关注。那这个时候，家长就需要给孩子一颗"定心丸"，可以和孩子讲"妈妈（爸爸）知道你想让我们多陪陪你，我把手头上在做的事情（事情具体一些）做完就陪你玩，大概需要一个小时（或其他具体时间），这个时间你能做完你的作业吗？妈妈说到做到，拉钩"，这样既给了孩子的期盼以确定的时间，又给了孩子写作业的自主权利。当然，最重要的是家长要遵守承诺。在孩子需要的时候，家长都可以这样做。

再次，孩子对写作业这件事情有恐惧，这个恐惧或来源于孩子还没有学会如何写作业；或孩子没有学明白，又不敢问父母；或来源于父母的批评和催促等。那么这个时候，家长可以对孩子说："学习功课就是需要好几遍才能记住，没关系，多做几遍就会得心应手啦。如果需要妈妈或爸爸陪你学习，你就叫我们啊！"然后，家长还要着重对孩子讲"你看你写作业需要几十分钟啊？那这个时间你就把门关好，给自己一个安静的环境专心写作业，需要的时候叫我们再进来。我们进来会敲门的"。这样说可以给孩子以安全感和自我控制感，很多孩子不能专心写作业，都是怕家长随时推门进来，那个时候可能他正在走神或玩呢，然后就会招来父母一顿斥责，甚至引发父母之间的"战争"。那个时候的孩子大脑是一片空白，情绪非常紧张的。有心理学家给孩子做过脑电实验，当父母吵架或大声斥责他时，他大脑和血液中的各种激素水平飙升，孩子处于"木僵"状态，久而久之，孩子的心理状态和大脑的发育都会受影响。

孩子贪玩和不能独立安静地自处，其实就是在孩子早期成长中没有在相应的事情上得到满足。我们可以这样讲：凡是在婴幼儿时没有"吃饱吃够"的，都要在以后的时间不断地补充。比如安全感、爱抚、依恋、信任、游戏、尊重等，无一例外。

在孩子"玩儿"这件事上也一样，小时候家长把"玩儿"赋予了许多学习的意义。孩子的"玩儿"是被限制的，不是单纯的开心，要承担父母对他"玩儿的成就"的期待，他无法玩得那么轻松和愉快，那么上学后，他会在自己有能力自己让自己玩的时候，去补上曾经的缺失。可是，这个补缺又不被家长接受，家长不认为孩子小时候没玩够，而是看到眼下孩子是在玩的，于是就不能接受。凡事皆有起因，只不过我们很少去找那个起因。孩子不敢明目张胆去补上"玩儿"这一课，他就会想办法在行动上给自己找补回来，比如磨蹭着不去写作业，或者一边写作业一边玩。

如果孩子希望得到陪伴，家长应该尽量创造机会陪孩子玩一玩。在和孩子相处的过程中，家长可以适当地带孩子了解各种文化知识，让孩子从中意识到学习文化知识原来这么有用，生活中处处都用得上。比如家长可以给孩子讲："今天咱们看到的这个现象是在××年级（具体年级）的××课（具体课程）课本中有讲到的，以后等你上了××年级（具体年级），就会学到的，那时候，你会比我懂更多了。"

确实，在工作和陪伴孩子兼顾的现实下，我们的家庭会面临暂时的困难，但这相比孩子今后漫长人生的幸福和健康成长，我们暂时的付出，会换来长久的幸福。

孩子总是玩到很晚才开始写作业，每天晚上都像打仗：

● 我知道你玩起来很开心，但是作业也要完成，你打算怎么安排你的时间？

● 妈妈需要你10点上床睡觉，现在是下午6点，你有4个小时的时间，你自己评估一下写作业要几点到几点，告诉妈妈，那么这个时间就给你自己安排。

● 妈妈（爸爸）知道你想让我们多陪陪你，我把手头上在做的事情（事情具体一些）做完就陪你玩，大概需要一个小时（或其他具体时间），这个时间你能做完你的作业吗？妈妈说到做到，拉钩！

● 如果需要妈妈或爸爸陪你学习，你就叫我们啊！

话

术

孩子写作业敷衍了事：
家长管多了，孩子的自觉性就小了

有的家长问："我的孩子为了能够早点玩，把写作业当差事，不认真、鬼画符，怎么办？家长如何教育呢？"

孩子写作业拖拖拉拉、不认真、敷衍了事，已经不是一代人两代人的问题了，从我上小学的20世纪70年代初到现在，孩子写作业的问题就已经是普遍现象了。网络上关于孩子写作业磨磨蹭蹭，甚至根本就不写作业的现象，已经是老生常谈，各路专家支招，各种文章、书籍，甚至电视节目都在谈论如何让孩子改掉写作业的种种坏毛病。但是，孩子写作业的问题依然无法得到根本解决。

我相信，许多家长自己小的时候也是如此。

只是，大人们很善于遗忘自己的曾经，忘了自己的家长曾经是怎样为自己的学习着急上火的了。有的家长说，我小时候就不这样，我那时候可自觉了；我的成绩可好了。一般这个时候，我都会问这个家长"那你小时候，你的父母是怎么对你的"。

这些家长几乎都很统一地回答"那时候，我爸我妈根本就不管我"。

原因的根本就在这里。孩子的行为不能自我管控，多是家长管太多，唠叨太多，孩子会说"妈妈您别唠叨了，我的耳朵都快磨出茧子了"。你能相信这是四五岁的小孩子说的话吗？但这已不是个别现象了。

●家长管的多了，孩子的自主自觉性就小了

孩子的问题，我从来都不简单地从孩子身上找原因，孩子的问题是家长和孩子互动中产生的。就如中国道家文化的阴阳图，黑的区域扩大，白的地方就被占据，就变小了。这个道理用在家长和孩子的互动上同样适用，家长管的方面多了，孩子的自主自觉性就小了；家长管的方面少了，但会对孩子有适当的要求，那么孩子自己向着目标前进的自觉和自主性就得到了发展。

那么，今天孩子还是状态懒散的，家长可以先静下心来，定睛看一看眼前的孩子，看看今天他的身上有没有好的地方呢？这种观察就是心理学所讲的"积极关注"，即关注人的积极面。

比如，孩子今天回家衣服是干净的，可以先表扬"你今天的衣服好干净啊！看来你今天在学校过得很平静啊！我好开心"，然后跟一句"我要先做饭了，你看着自己先喝点儿吃点儿什么吧，吃饭的时候我叫你"。

再比如，看孩子在写作业，不管他拖拉不拖拉，你不去管这事儿，你只要对他说"今天你好自觉啊，早早坐在桌前写作业。你可以把门关好，免得我会吵到你。吃饭时间到了，我来敲门"，之后千万不要说"不许怎样怎样的"，你越说，孩子就会成为你说的不许的样子。

早上告别，下午回家，都只关心孩子过得开不开心，而不做任何督促、催促、询问、质问的话，更没有指责、斥责、批评，你会看到孩子从第一天疑惑不真实的眼神，到平静淡定的眼神，孩子在家写作业的状态慢慢就会好起来。

家长们，假如你真的爱你的孩子，就给自己和孩子时间，你能做到上面我给你的建议，孩子就会改变。

孩子写作业敷衍了事 ：

话术

- 孩子放学回家后的心情会影响到他写作业的状态，不能过于兴奋，更不能让孩子烦躁和受挫。平和的快乐是最好的。

- 妈妈看到你今天放学回来心情不错啊！愿意和妈妈分享吗？

- 如果你要写作业，就告诉妈妈，妈妈就不打扰你了。

- 检查孩子作业的时候，要抓住细小的、好的地方加以表扬，而忽略孩子做得不好的地方。

- 你今天这部分作业写的非常认真、工整，这么棒！你怎么做到的呀？

- 我发现你今天写作业的状态特别专心安静，是不是心里面很开心啊？

心理小知识

　　皮格马利翁效应，又称罗森塔尔效应。美国心理学家罗森塔尔和雅克布森在智力测验中发现，教师的期望会传递给被期望的学生并产生鼓励效应，使其朝着教师期望的方向变化。皮格马利翁效应提醒我们，无论是教师、家长还是其他人员，对于受教育者充满信心，相信他们能发展得更好是很重要的。

孩子回家就打游戏：
启动家庭的"动力链条"

很多家长都会说：我的孩子打游戏时可专注了，一到学习的时候就各种坐不住，各种分心。这个现象的普遍性几乎让心理咨询师的个案看起来似乎都是一个家庭出来的孩子。

为此，有的家长在孩子的房间安上监控摄像头，有的把孩子房间的门卸掉以便监督，有的干脆腾出一个专人坐在孩子身边陪着孩子写作业。家长可谓在孩子的学习问题上煞费苦心。但最终还是敌不过游戏的"魔力"。孩子上学的历程就是家长和游戏抗衡的历程。

既然，几乎所有的孩子都迷恋游戏，那么，总可以说明游戏有吸引孩子的地方。我们有什么办法让自己和孩子从"战场"上撤下了，进入一段和平共处、和谐亲近的"安全地带"呢？

●家庭是一个"动力链条"，一个人的改变，会带动全家的改变

我有一个咨询案例，这个男孩子上小学三年级，孩子疫情期间在家上网课，妈妈和爸爸都坚持去上班。妈妈的同事，只要家里有上学的孩子的，几乎都在家安装了摄像头，这个男孩的妈妈也如法炮制，在孩子的书桌上方安装了摄像头，结果，一边上班一边抽空看孩子在干什么。不看则已，一看，妈妈的情绪崩溃了：孩子几乎都一直在电脑前面打游戏，网课根本不听，累了就躺在床上吃零食。这一天下来，直到妈妈回家，孩子什么学习的事情都没做，作业更是不理会，老师每天找家长，要求家长督促孩子写作业。乍一看，这个家庭是孩子的问题，但细细询问才发现，这个妈妈对孩子要求极其严格，妈妈要求孩子从晚上刷牙洗脸、定点入睡，早上起床、穿衣、叠被、吃早餐，所有的事情都要定时定点、自觉完成，要求孩子必须把自己的房间收拾干净利索；每天下班回家，主要就是盯着孩子学习和写作业，晚饭几乎都是点外卖。孩子的爸爸几乎天天加班，回来主要是听妈妈控诉孩子的种种不听话。孩子每天都生活在一个没有欢乐，只有抱怨的家庭氛围中。爸爸妈妈也关心孩子，但关心的方式就是语重心长地和孩子严肃谈话。

一个9岁的孩子，怎么看都像是父母把他当成了各方面要自立的青年。我问孩子的父母，怎么那么"狠心"让一个9岁的孩子承担那么多呢？

通过两个月持续的咨询，妈妈认识到她对孩子的过于苛刻，是造成孩子心理压力过大的根源。妈妈渐渐调整了对孩子的态度，尽量控

制自己的急躁和脾气。改善了自己对孩子的"管理"方式。

第一件事，就是把监控器拆掉，并告诉孩子"妈妈觉得按监控器是对你不信任的做法，以后，妈妈希望给你一个自由的空间，妈妈相信你会安排好你的学习和游戏的时间的"。孩子当时听到以后，带着怀疑和不相信的神情看着妈妈没说话。但当晚，孩子主动去刷牙了，并且刷得很认真。

第二件事，就是回家不问孩子的学习情况和完成作业了没有，而是把儿子喊过来，拥抱着孩子问"今天在家开心吗"，然后给孩子讲一些今天上班和路上的见闻。这位妈妈观察到孩子在刚开始这样做的几天，神态都是很不自然和有些纳闷的，仿佛在问"妈妈怎么和以前不一样了"，但这位妈妈坚持了几天后，开始看到孩子在和妈妈短暂亲热后，自己去写作业了。

第三件事，这位妈妈每天回家不再盯着孩子写作业，不再叫外卖吃，而是把这段时间用来自己做饭，并且每天都会问孩子"晚饭想吃点儿什么呀？妈妈做好饭叫你啊"。这位妈妈发现，这样做以后，家像个家了，孩子的爸爸也开始在饭做好的一刻推门回家了，她觉得自己的生活质量也提高了。

这位妈妈的改变还在继续，家庭的积极变化也跟着继续，孩子的学习变得主动了，开始自觉写作业了。虽然，孩子时有作业没完成的情况，但这位妈妈努力克制自己的情绪，装作看不见，只是在每晚10点的时候，提醒孩子早点睡觉。

至于孩子房间的凌乱，这位妈妈也尽量克制自己不去唠叨，并且帮孩子整理，有时，孩子过来打个下手。母子开始有了轻松愉快的对话。

　　孩子的爸爸，在全家三口人的商量之下，每晚负责检查孩子的作业，并陪伴孩子闲聊一会儿。

　　家庭是一个"动力链条"，牵一发而动全家，一个人的一点改变，就可以带来其他家庭成员的改变。

　　孩子沉迷游戏、不爱学习，不是孩子愿意的状态，是因为他被家长控制过于严格，没有自主的空间和时间。没有主动学习的动力，是因为他觉得学习不是为了自己长本事，而是在满足父母的需要。他没有一个觉得轻松舒适的家庭氛围，所以抗拒。而他能够让自己还觉得可以控制的，只有他的身体、他的状态。既然他无所适从，那么就干脆躲在游戏之中把自己废掉算了。反正，孩子认为自己无法满足父母的各种要求，而且游戏可以满足他在其中的自我存在感、自我价值感、自我成就感等。

孩子测试成绩不够好，家长怎么询问：
忽略期待，关注孩子

几乎每个孩子都担心父母问自己的测试成绩。

成绩好的，父母会高兴、会奖励，还会让孩子再接再厉，更上一层楼。本来孩子以为成绩好了，在父母这里获得赞许之后，可以高枕无忧了，谁想到，父母会"得寸进尺"要求下次成绩更好。假如得了第一名，还要费力保持，担心稍不留神，退后到第二名甚至更后，那么，曾经的好成绩带来的骄傲，反而成了负担。所以，有的孩子在不堪重负下，干脆"躺倒不干"，不好好学习了。

成绩中等的，或不稳定、忽高忽低的，更怕家长询问成绩，弄不好，还要被家长拿自己和其他同学作比较。

成绩不好的更不用说了，孩子胆战心惊，父母讳莫如深。

所以你看，谁家的孩子都躲不过去。而家长呢，也是每每在心里嘀咕着"如何问孩子的成绩，不会伤到孩子的自尊心，既让孩子接受，又可以促进孩子对于成绩的向上之心呢"。

● 父母对于孩子学习的焦虑，会在孩子身上放大

我们的家长，在现代社会竞争激烈的现状之下被裹挟着，家长在焦虑之中，无法做到"独善其身"，也不敢不问成绩，先关注孩子的心理状态。因为孩子成长只有一次的"流程"，没有重写、没有修改的机会，谁也不敢放松精神而造成一辈子的遗憾。

可是，孩子就是孩子，他的心智还没有成熟到可以自己把控自己，他会那么多地受到父母的影响，父母的焦虑，在孩子这里会变大、会变强。顶着学习成绩排名这样一个伴随全家人的焦虑与压力的孩子，他无法为自己学习，无法在学习中找到乐趣，只觉得这是在完成家长的任务或者社会赋予他的任务。

因为，从心理学上来讲，每个孩子都是忠实于父母的。但当他想满足父母却无能为力时，他会不知所措，于是有的孩子就会出现专注力、记忆力、理解力等方面的问题，甚至会生病，让自己"躲"在病中把学不好"合理化"。

所以，我想提醒家长们的是，对于孩子的测试，不是要知道如何去询问成绩，而是你们可以不问成绩吗？

当然，不去问孩子的成绩，不代表要对整个事情不闻不问。家长可以问"是测验（考试）了吗""是测验（考试）成绩出来了吗""你的心情好吗"。

这时候，孩子知道你关注的是他的心情，他会觉得被父母关心，被父母体贴。他可能会说"不好"，这样就开启了关于为什么心情不好的对话。孩子会自己说出他对学习成绩的期待，他也会自己找原因，更会对自己后面的学习有所追求。家长只需要倾听和回应孩子的感受，而不用回应孩子如何去做。比如"哦，你不开心，是觉得自己这次马虎了"，然后可以抱一抱孩子的小肩膀。

● 教会孩子关注自己学到了多少而不是和别人比高低

假如孩子回到家，迟迟没有告诉你他的考试成绩，作为父母最好忽略你的期待，闲聊把关注点放在孩子回家饿不饿、今天在学校开心吗等与考试、上课、学习、作业无关的话题上，让家庭气氛轻松。家长可以等着他自己来告诉你考了多少分，然后，你对他说一句"哇！考了这么多分啊！看起来你掌握了不少知识啦"。

也许你的孩子会说："我考得不好，才得了60分。"这时候，你愿意这样回复你的孩子吗？你可以说："60分，说明你已掌握考试内容的60%！学习的东西越多，你能掌握的东西也就越来越多。考试只是一时，而知识是可以伴随你一生的。"

或许，孩子会说："我好多都没记住，才没考好。"你可以回复："这次没记住，下次考试就知道哪些可以再记一次啦。没有谁可以一次把世界上的知识全部都记住！"

这样说是让孩子把平常的考试成绩当成平常的事情，而不是"赢天赢地"的事情。让孩子觉得学习本身比成绩更重要；让孩子可以关注自己学到了多少而不是和别人比高低。孩子只有在被父母认可、鼓励和赞许的心理需要得以满足以后，才可以享受学习的乐趣，心无旁骛地投入到学习本身的情境之中。

记得一位心理学家，他在教育孩子的问题上颇有心得。这位心理学家的孩子在上小学之前，他不让孩子学习文化知识，也不学算数、英语，总之，一切学前班的内容，他都给孩子屏蔽掉，就是让孩子玩儿个够。他也要给其他的家庭成员，像孩子的爷爷奶奶和姥姥姥爷等——做思想工作，也承担着教育风险——假如不给孩子进行学前教育，万一孩子上学跟不上受打击怎么办？万一心理学的理论在实践中失败怎么办？但他还是坚定地实践了。当孩子上小学了，别的孩子都已经认识了许多字，会算算术，会英语单词，自己家的孩子却是"大字儿不识"，一切为零。孩子每天回来，告诉家长，今天认识了几个字，可是别的同学都已经早就会了，便觉得很委屈，很受打击。这位心理学家就安慰孩子说，你的同学，他们在你玩儿的时候就已经学会了，所以他们现在会很多，可是，你现在每天多学会一点儿，每天都在进步啊，这样有一段时间，就可以追上他们了，因为他们学的和你一样，在重复以前学会的内容。孩子听了以后，安心地每天跟着课本的进度学习，不问成绩，不去比较，渐渐地，孩子的成绩逐渐往前一个一个实现了赶超。

讲这个案例并非让大家去照搬，普通家长无法像这位心理学家一样顶着压力跳出社会性焦虑，但可以把它作为一个参考让自己从过度焦虑中冷静下来。

话术

孩子测试成绩不够好，家长怎么询问：

● 是测验（考试）成绩出来了吗？你的心情好吗？

● 哦，你不开心，是觉得自己这次马虎了。

● 哇！考了这么多分啊！看起来你掌握了不少知识啦！

● 60分，说明你已掌握考试内容的60%！学习的东西越多，你能掌握的东西也就越来越多。

● 这次没记住，下次考试就知道哪些可以再记一次啦。没有谁可以一次把世界上的知识全部都记住！

心理小知识

　　父母的认可和赞许，对孩子的一生都有深远的影响。父母是我们生命的来源，我们对自己的评价来源于父母对我们的评价，我们在意外界的评价，最终也是想拐个弯儿，让父母通过外在的评价而看到自己的价值。父母的鼓励和认可，会增加我们的价值感，当自己的价值感强了以后，我们才会觉得我们的学习和努力有意义，也才会有学习和进步的动力。

孩子遇到问题就说"我不会"：
找到"我不会"背后的"心理诉求"

孩子常说"我不会"，不仅是他真的不会时会说"不会"，有的时候他明明是会的，或者是可以会的，他也会说"我不会"。而家长呢，遇到孩子这样，就很无奈，甚至很恼火。

●"我不会"，是孩子对家庭关系的"呼唤"

在这里，我给家长们一个思路，家长们可以想一想，孩子对某件事情说"我不会"，那么他一定可以从中得到好处，这个好处会是什么呢？我们来看看。

假如我说"我不会"，那么就可以不做，不做就不会出错；"我不会"，就有人帮忙，可以省了自己动脑动手，可以堂而皇之地"犯懒"；"不会"，就不用承担责任；"不会"就不用和其他人去比较。甚至有的孩子还会有点儿"爱谁谁，反正我就是不会"，我就是"非不能也，而不为也"和"看你拿我怎么办"的劲儿。

无论孩子是上述哪种情况，其实都是孩子对家庭关系的"呼唤"。当我们心理的诉求，不能或无法通过言语进行表达的时候，无论成年人和孩子，都会想办法去用他自己觉得适合的方式去表达。

孩子说"我不会"，就是一种替代表达他需求的表达。那么，家长可以对孩子说："你不会，没有关系。妈妈爸爸都可以教你，你觉得怎样教你，你就可以会了呢？"

也可以这样问孩子："那假如你会了，你觉得是怎么样会的呢？"

假如孩子和你"杠"上了，说"我怎么都不可能会，我怎么都会不了"，有的家长就会生气，有的家长还会被"气乐了"。那这个时候，家长就可以回应孩子说"哈，你是在和我抬杠呢！那好吧，你自己不会你自己的，我们反正不会管你了，你自由了！"然后，家长可以自己去做自己的事情，让孩子真的获得一下他的"自由时光"。

●"心理动力"是一个人实现自己愿望和目标的"发条"

很多时候，我们孩子的能力，是被家长"废掉"的。这个"废掉"，不仅仅是在孩子的动手能力上，更在孩子的动脑能力上，还会在孩子的心理动力上，"心理动力"可以说是一个人实现自己愿望和目标的"发条"。

"发条"上得太紧，会绷断。人天然的自我保护机制，会让他有感觉他受不了了，比如家长的要求超过了孩子应该承受的年龄或孩子的能力范围，孩子会选择放弃。

"发条"太松，根本就不起作用，也就是家长替代的方面太多，或家长的干涉过多。孩子没有动力自己去学习，也没有动力成长。比如一个上小学的男孩子，在夏令营吃早饭，看到桌子上的煮鸡蛋，他不认识也不会吃，因为他从小就没见过煮的鸡蛋，他吃的不是鸡蛋羹、就是炒鸡蛋什么的，即使是煮鸡蛋，也是剥了皮切成小块儿的。所以，家长的过度保护和能力的替代，就会把孩子的一些功能"废掉"了。

还有就是使用暴力的家长也会把孩子"废掉"。我咨询过的一个男孩子，因为父亲的暴力，又加上妈妈生病无力保护孩子，这个孩子就不会走路了，你问他话，他都不敢出声；你让他写自己的名字，他说不会。这虽然是极端的个案，但也能说明家庭暴力对孩子会有非常大的负面影响。

所以，当孩子常说"我不会"时，家长首先要思考是不是自己哪里让孩子不想会、不能会、不愿意会，甚至是不敢会。然后，家长先改变自己的言与行，才能让孩子有所改变。

孩子遇到问题就说"我不会"：

话
术

● 你不会，没有关系。妈妈爸爸都可以教你，你觉得怎样教你，你就可以会了呢？

● 妈妈知道你是可以会的，其实你是想让妈妈多和你在一起对不对？

● 你再好好想想，看看想了以后是不是就会了呢？（如果孩子说"会了"，家长要及时反馈"嗯，你真棒！你只要一动脑子就会了！"）

● 假如你会了，你觉得是怎么样会的呢？

心理小知识

　　皮格马利翁效应由美国著名心理学家罗森塔尔和雅格布森在小学教学上予以验证提出，亦称"罗森塔尔效应"，是说人心中怎么想、怎么相信，你期望什么，你就会得到什么，你得到的不是你想要的，而是你期待的。只要充满自信的期待，只要真的相信事情会顺利进行，事情一定会顺利进行。相反地说，如果你相信事情不断地受到阻力，这些阻力就会产生。说白了就是"说你行，你就行，不行也行；说你不行，你就不行，行也不行"。因此，只要你充满自信的期待，相信好的事情一定会发生，好的期待就会带来好的行为，好的行为就会带来好的成就。皮格马利翁效应告诉我们，当我们怀着对某件事情非常强烈期望的时候，我们所期望的结果就会出现。这也被称为"期待效应"。

孩子学习偏科：

给"俄狄浦斯情结"一个升华

对于学习，我们都说兴趣是最好的老师。

不错，兴趣是很好的老师，可是家长会发现孩子的兴趣会转移。今天说喜欢钢琴，父母给买了，报了钢琴班，没几天孩子说不学了，想学跆拳道，风马牛不相及的领域，家长又给报了，孩子学了几天又不感兴趣了。家长在孩子一次次折腾中变得失望、焦虑、愤怒，甚至崩溃，开始和孩子急了，开始对孩子吼了。

● 提前给孩子设定遥远的目标，孩子会被"漫漫艰辛长路"吓到

但我们的家长有没有发现其中的奥秘？就是只要孩子想学什么，

家长马上非常兴奋，很重视，然后开始寄予厚望。孩子自己知道学习中遇到的"坎儿"和学习时一点一滴的不容易，孩子在一步一步往前走的时候，家长已经告诉他要登上那个遥远的、高高的"山峰"了，他岂不是会被吓到了呢？

"书山有路勤为径，学海无涯苦作舟"这句话是激励人们在学习上要刻苦、勤奋，但这句话也是唐宋八大家之首的韩愈在成年以后的感悟。虽然现在的孩子早熟了许多，但时代进步了几千年，城市和广大富裕乡村的孩子，生活条件都已经很好了，孩子们没条件去"吃苦"，也就没有能力接受"吃苦"和"刻苦"。当你提前给孩子设定了一个遥远的目标，而且告诉他要刻苦训练才能学得好，要想到那个高峰要更加刻苦努力，孩子被"漫漫艰辛长路"给吓到了，反而没有了动力，还有可能波及孩子切身相关的其他领域。

●给孩子以信心，让孩子有成长的方向

孩子的偏科也是同样，尤其是学历较高的父母，对孩子会有很高的期待。有一个北京航空航天大学研究生的父亲，在儿子上学以后，看到孩子在数学上不用功，成绩不好，就批评孩子说"这么容易的题都不会，我在你这么大的时候，从来都没有不会的时候"。这下子可好，这个男孩子就被一个"很棒"的同样是男性的父亲打压了，这个男孩子从此以后就在数学上一蹶不振，好似魔咒一般。

遇到类似的情况，作为家长，就要改变对孩子的言语，而且是不断地重复新的语言，才可以打破这个"魔咒"。父亲可以说"儿子，你真棒，这道数学题这么不容易做，你都做对了！真棒！我像你这么

大的时候，也做过类似的题，我要好几遍以后才能掌握，你比我那时候棒"，有时还要竖起大拇指，拍拍儿子的肩膀。这样在孩子成长的过程中，每当遇到孩子关键的学习时期，都可以如法炮制，给孩子以信心：父亲这个人生的榜样，居然在当年和他同龄的时候，总是没有他好，"那么将来我一定比爸爸还好"。这样不仅升华了俄狄浦斯情结，也让孩子有了成长的方向。至于将来会不会子承父业，要看孩子学业的发展和未来职业的变迁了。

孩子都是忠实于父母的，女孩子的道理相同。妈妈要想让女儿"青出于蓝而胜于蓝"，就要给女儿更多的肯定，妈妈在哪个方面给予女儿的肯定多，女儿在哪个方面的发展就会好。一个天天对女儿说自己当年多棒，女儿你怎么都不如我当年那会儿的妈妈，女儿在潜意识当中会觉得超越不了妈妈，也会觉得不能超越妈妈，要给妈妈留着那个"妈妈最棒"的感觉，于是，女儿在妈妈强的地方就会发展受阻，这也让妈妈愈发地觉得女儿不行。有的女孩会发展妈妈不行的地方，让她得以另辟蹊径，但未必会获得妈妈的认可。妈妈强调自己上学时，记忆力特别好，什么功课背一遍就全记住了，那么，这个女儿一定会在需要记忆力的地方就不行了。以此类推，其他学习相关的能力也是一样的。

而在女儿的学业和未来的发展上，父亲的角色对女儿也同样重要。父亲对于孩子都是一个未来成人之路的引领，一个对孩子具有高关注度的父亲，会给予孩子学生生涯和职业生涯正向的力量；反之，就会让孩子的学业和职业生涯受阻，成为一个心理障碍。除非孩子通过自己的努力冲破这个阻碍，自我成就。

所以，孩子的偏科，或许有孩子学习能力的问题，但更多地需要家长看一看曾经对待孩子学习的问题上，是否有上述提到的不良因素。如果有，按照上述的言语去改变、去施行，再配合学习方法、学习环境的调整，就可以促进孩子的全面发展。

当然，孩子在某些学科和技艺上有特长，也要保护孩子的优势，把特长充分发挥，成就孩子的优势，也是很好的。

孩子学习偏科：

话术

● 你真棒，我像你这么大的时候，也做过类似的题，我要好几遍以后才能掌握，你比我那时候棒！

● 当孩子在自己不擅长的科目稍微有一点进步的时候，家长可以说"我发现你某科很有进步啊！看起来在这科上还是很有能力的，只要你想做好"。

心理小知识

　　俄狄浦斯情结又称"恋母情结"，是精神分析学派的术语。精神分析学派的创始人弗洛伊德认为，儿童在性发展的对象选择时期，开始向外界寻求性对象。对于幼儿，这个对象首先是双亲。男孩儿以母亲为选择对象，而女孩儿则常以父亲为选择对象。同时也是由于双亲的刺激加强了这种倾向。这便是由于母亲偏爱儿子和父亲偏爱女儿促成的。在此情形之下，男孩早就对他的母亲发生了一种特殊的柔情，视母亲为自己的所有物，而把父亲看成是竞争此所有物的敌人，并想取代父亲在父母关系中的地位。同理，女孩也以为母亲干扰了自己对父亲的柔情，侵占了她应占的地位，这也被称为"伊拉克特拉情结"，亦称"恋父情结"。

临近考试，如何鼓励孩子：

营造平常心，对抗"考前焦虑综合症"

近年来，每当中、高考临近，都会有一些家长带着孩子来咨询。有的孩子在考前两个月突然不能睡觉了，症状反应各不相同。有的孩子会生病，不能去上学了，生的病也各不相同。有的孩子在第一次和第二次摸底考试的时候，某一科的考试，突然脑子一片空白，几乎不能答卷，不同孩子涉及的科目也各不相同。这样的案例都是指向"考前焦虑综合症"，只是反映出来的现象不同而已。

有一个案例，距离高考还有两个月，一个妈妈带着儿子来咨询，原因是孩子这些日子不敢睡觉了，总怕睡着了就再也醒不过来了，不能睡觉就不能上学，孩子已经一周没去学校了。这次咨询后，孩子回去可以睡觉了，也能正常上学了。但在高考的前一天，我正在去武汉讲课的火车上，这个妈妈打来电话："张老师，我怎么办？明天就高考了，我紧张死了！"我理解她，焦虑是我们现代人的通病，尤其是孩子第二天就要高考，比家长自己考试还要紧张。我与这位家长的对话为"你现在在干什么""我在擦地，我不知干什么能缓解紧张""孩子在干什么""孩子在他屋子里复习""孩子的情绪怎么样""孩子自从上次咨询后，就很好了，这两天我看挺淡定的""哦，你在外面擦地，你的情绪紧张，隔着房门，也会对孩子有影响""那我怎么办""出去逛逛吧，离孩子远一些，自己放松放松，这两天都让自己保持放松就好"。几周后，这个妈妈报来了喜讯，孩子考上了重点大学。

● 面对考试，家长要有一颗平常心

上面讲中高考的孩子，实际上许多孩子从小学一年级就会有考试焦虑的情况，一到考试就会紧张，影响成绩的发挥，平时会的，在考试的时候就忘了。还有的孩子平时挺细心的，可一到考试就会看错题、会错意、漏题、错字等。

孩子考试焦虑，通常都是"胜负心"过强。有的家长说"我们也没给他压力啊"。是的，乍一听，这个孩子属于"无须扬鞭自奋蹄"式自觉的孩子，但孩子的压力感通常是来自早期父母对孩子的训练和要求，比如在很小的时候父母对他的行为、情绪或言语要求比较多，孩子渐渐形成了一个自我约束和追求更高目标的心理，也就是对自己高标准严要求，他要给妈妈爸爸一个最好的自己，以获得妈妈和爸爸的赞扬与肯定。但我们的许多父母都不敢夸孩子，怕他骄傲，因为"骄傲使人落后"，所以孩子不仅不敢骄傲，更不敢自信了。

还有的孩子家长自己就是一个胜负心很强、自我要求很高的人，不允许自己发挥失常。长此以往，考试就成了孩子心中的"块垒"，也成了家庭的"负担"。

假如我们不考虑大学及后续的学业，单从孩子上小学到高中毕业，就要经历十余年，每年两次以上的重大考试，还有无数的测验、竞赛等。孩子如果从小就对考试感到紧张、压力、痛苦的话，那么，孩子这十几年将如何度过呢？孩子的身心会受到多少煎熬呢？但孩子终究是要面对每年考试的，他们怎么办呢？

所以，面对考试，家长对孩子不是要鼓励，而是要让孩子有一颗平常心，尤其是家长要有一颗平常心。我们的大脑，只有在心情愉悦，身心放松的情况下，才能很好地运转。而焦虑，会阻滞思维的通畅。那么，家长可以在考试临近时，不要表现出和平常有什么不同，可以对孩子说"哦，下周就考试啦，真好！考完试就可以放假了，你就可以安排自己想做的事情啦""你要考试复习，需要我们做什么吗？如果没有，那我们还和平常一样，妈妈和爸爸安排自己的事情，你安排你的事情，可以吗"，给孩子营造一个"考试没什么大不了"的平常心，让孩子轻松愉快的迎接和面对考试。

知识是可以积累的，情绪也是可以积累的，好的情绪积累，可以让我们更加热爱生活、热爱学习、热爱成长、热爱进步。当然了，也许会热爱考试呢，那样，孩子在未来的每一个关键的考场，都能发挥自如。

临近考试，如何鼓励孩子：

对于小学低年级的孩子，父母可以引导孩子以正常心态面对考试：

话术

- 哦？你们要考试啦？哪天啊？你的感受怎么样？没关系，就和你平常一样做题就可以了，你可以的！

- 哦！你们要考试啦？你知道考试的目的是测验我们学习的东西记住了多少，考试的复习就是再多记住一些。你需要爸爸妈妈帮忙吗？

- 要考试没关系的，大家都一样考试，只要能把记住的知识尽量写对了，就可以了。所以要放松心情啦！（不要说"不要紧张"）

心理小知识

　　考试焦虑是一种因考试产生的焦虑状态，以担忧、害怕、紧张为基本特征，通常合并表现躯体化症状，如心悸、头痛、头晕、消化不良、腹泻等。轻度和中度的焦虑可提高大多数行为能力，激发潜能，考出好成绩。但焦虑水平过高则会对行为能力起干扰作用，极有可能出现"考前焦虑综合症"。

孩子不愿意上辅导班：
强迫孩子一定怎样，反而让孩子更逆反

辅导班几乎已经成为现代家庭教育的必备项目，但许多孩子都会在进入辅导班之后，还没怎么去学，只是尝试一下或者经过短时间的学习之后就不再想去上课了。家长们很是无奈或抓狂：钱花了一大把，说好的课怎么就不上了呢？有的孩子和家长甚至因此陷入极大的矛盾中。

● 顺应孩子的特质，孩子会在不断的成就下获得自信的激励

理性看待这个问题，我们应该知道，每一个孩子都有自己天生的性格特征，也会有天生的适合与不适合的方面，顺应孩子的特质，孩子会在不断的成就下获得自信的激励。当孩子在其中获得了控制感和成就感之后，又会产生深入学习的需求，至于将来是否再向更高的层次发展，是随着孩子的成长，会有变化的。每个人都不会是从小就"一锤定音"地往哪个专长发展下去的。家长不必要求孩子一旦做出选择就必须"从一而终"，给孩子带来过多压力。古人讲"艺不压身"，每样学科、每个特长、每种技能，在将来都会成为这个人的一部分，都会融合进这个人的气质中，都会助力他的职业，都会成就他成为独特的自己。

当然，作为家长，给孩子合理的引导和帮助是必要的。在这里，需要家长们先来重新回顾一下给孩子报辅导班的原因。是孩子主动要求学习，还是家长代为决定的呢？

●对待孩子的兴趣，家长的做法是盲目鼓励还是正确引导

如果家长和孩子认真交谈，你会发现，孩子们之间会互相影响。除了自身的喜好以外，有时候孩子会因为看到别的小朋友在学习某项特长，觉得好奇或羡慕，或者从众的心理在起作用，于是要求家长给自己报名。现在，对于孩子们的兴趣爱好，家长一般都会尽力支持。也有的家长，是属于不太赞成孩子的爱好，加以阻止的。

这里，我们就要提到一种"帮助"的方式。我们在其他篇目中有提到，孩子的认知还不是非常全面，对于兴趣爱好的认识也是一样——看到球星在赛场上神采飞扬，看到歌手在舞台上万众瞩目，于是也想在同样的方向发展。但是他们对于运动员日复一日的训练、歌手幕后练习的辛苦知之甚少。家长在此时应提供的"帮助"就是将自己视野和能力范围内能够获取的信息提供给孩子作为参考。有一个很好的案例是奥运冠军邓亚萍，她在一档节目的采访中表示，她的儿子曾经有过想要成为电竞职业选手的想法，邓亚萍没有对自己的儿子进行打击，反而表示如果他是真心喜欢的话，那可以送他去职业俱乐部参加训练。之后她专门去了两家顶级电竞俱乐部进行了考察，但是当她回来将俱乐部的情况给儿子说了之后，她儿子却打了退堂鼓，原来，电竞俱乐部的作息非常严格，每天光是训练，就要花费12个小时的时间，非常辛苦。

如果孩子还没上过辅导班，就不愿意去，而家长却很希望孩子有一技之长，并通过学一些技能培养孩子的性格和能力的，父母需要了解孩子不想去上辅导班的原因，可以问孩子"你能告诉妈妈你不想去参加某某辅导班，是因为什么吗"，或者可以在周末的时候，带孩子去活动中心、培训中心、博物馆等地方去游玩参观，让孩子多接触、多看看，而不去讲参加辅导班等内容。

如果家长特别希望孩子学些什么，参加某个课程的辅导班，那么，家长可以审视一下，是不是把自己的愿望投射到孩子身上了，是不是想通过孩子去上这个辅导班，来实现自己未曾实现的愿望。比如，有一个妈妈在年轻的时候喜欢唱歌，于是说服了四五岁的儿子，带着孩子去儿童活动中心报名参加声乐训练班，结果孩子看到别的小朋友被老师要求跟着学唱的时候，马上就跑开了，并在教室上演了一场妈追孩子的"活报剧"，最后以妈妈的妥协而告终。

●强迫孩子一定怎样，反而让孩子更逆反

孩子是否去上辅导班，如果是孩子升学的需要，家长也不可强求，可以征求孩子的想法。可以说"假如你觉得可以上一个辅导班让成绩更好，你看看选哪一科呢"，孩子若是什么都不选，那么家长也应该尊重孩子。"强扭的瓜不甜"，强迫孩子一定怎样，反而让孩子更逆反。

孩子需要家长给予自由选择的空间，孩子也需要家长有正向的引领。如果家长希望孩子好学、专注，在某项专长上有进步，就可以学学老舍先生，他从不要求小孩子学认字、学写字，而是在他写作间

歇，由着孩子用毛笔在空白的稿纸上乱画，由着孩子自己解释"幽默"就是画一团黑墨叫"油抹"，充分保护了孩子的想象力。

孩子上辅导班的目的是什么，有时候源于家长焦虑孩子输在起跑线上。但二十多年如一日的教育竞争中，我们发现，孩子未来的发展与成就，和上辅导班没有完全正比的关系，反而是孩子的学习习惯、人格修炼、个性培养、爱的教育，尤其是温馨快乐的家庭关系等，更能在孩子的成长之路上起更大的作用。

"为什么别人可以做到，你就不行"：
这句话的杀伤力，在于它的暗示作用

"为什么别人可以做到，你就不行"是我们许多家长对孩子说的话，背后也隐含着家长对孩子殷切的期望，希望自己的孩子能够各方面都优秀并胜于他人。

中国人的教育自古以谦虚为美德之一，"谦虚使人进步，骄傲使人落后"是我们教育的座右铭。谦虚的教育深入国人的骨髓，这样的思维定式让我们在面对自己孩子的时候，也会尽量谦虚，去找自己孩子的不足，而不去找孩子的优点，以免孩子因骄傲而落后。而谦虚是和竞争相违背的，你可以发现当被夸赞的时候，我们多数的反应都是"我不行，还差得远啦""没有啦，我可没那么好啊"等。

●你能看到自己孩子的优点吗？

我在做心理辅导课程时，会让人们写自己的优点，每到这个环节，大家普遍都有为难情绪。一次在一个班级里，我让将近40个孩子，每人写自己的10条优点。几乎所有的孩子都"啊？优点啊？10个啊？哪有啊？写不出来啊"，其中一个女班长说"老师，写缺点可以吗？我可以写出一百个"，全班的孩子都点头应和"对，老师，写缺点吧，缺点好写"。我坚决地说"就写10个优点"。于是，孩子们写道"我热爱学习、我数学好、我外语好、我听老师话"等优点。

每次我都坚持让大家尽量写出自己的10个优点，最终可以完成的却寥寥无几。

是什么让我们的孩子找不到自己的优点，还是自己觉得有优点不敢写，怕被其他人笑话或批评或质疑呢？这值得我们的家长深思。

家长都希望自己的孩子超越别人家的孩子，所以会视自家孩子所有的优点为理所应当，直至视而不见。然后将别的孩子有的特长或能力，作为自己孩子也要拥有的目标，这样自己的孩子就可以好上加好。

这样的想法当然很好。可是，当家长看到其他孩子优点的时候，实在是没有去想自己孩子的优点。

●孩子接收到的不是语言本身，而是言语背后的情感

著名心理学家阿德勒说"每个生命都是追求卓越的"，那我们让孩子追求卓越当然是对的啊。但请注意，阿德勒没讲，每个孩子都是被家长要求卓越的，他是在讲，每个生命都有自己的原动力，自己都想要追求卓越。

中国有"揠苗助长"的故事。如果一个生命在自己能力范围内努力生长，它可以尽自己的努力，它有自己的动力，它有自己的办法长大长成。但如果是被要求长成其他人要求的样子，那么，他的动力就被压制、被取代。

父母对孩子的指责，其实是父母自己内在恐惧的投射，父母不能接受自己是这样的，就会把一个自己不能承担的样子投射给最容易扔给的人——自己的孩子。

虽然，也有的孩子在这样的质疑中奋起努力。但现在的孩子大多在衣食无忧、物质极大丰富的生活环境下长大，他们不知道奋斗、努力能给他带来的是什么。因为家长给他的目标，他还不能有切实的感受，不是他能理解的未来。我见过许多孩子，虽然最后还是向家长"屈服"，成为家长期望的那样"优秀"，但那个少年或者青年，早已没有了朝气，活成了"小老人"。另有一些孩子就"病"了，"病"得不能上学、不能参加考试、不能参与同龄人的活动、不能快乐。

语言有极强的暗示作用，语言是情感表达最高境界，孩子接收到的不是语言本身，而是言语背后的情感。

记得有一条台湾心理学的公益广告，每个学生举着一个牌子，每个牌子上是一个字。连起来是"你笨的哦，这题不是要做好几遍"，然后学生举着牌子彼此交错移动，结果，还是这些牌子，还是这些字，重新组合后，意思完全不一样了，变成了"你不笨，是这题要做好几遍的哦"。

那么，我们也可以重新建构一下这句话，把"为什么别人可以做到，你就不行"，改变成"你行的，你可以做到别人做不到的"。

语言是可以重新建构的，它可以打击一个人，也可以鼓舞一个人。作为家长，我想都是愿意能够鼓舞自己的孩子向更好的方向发展的。那么，请你可以重新组织你的语言，多看到孩子独特的、与众不同之处，并赞扬自己的孩子，孩子才会成长得更好。

你不笨，是这道题要做好几遍的哦！

话术

"为什么别人可以做到，你就不行"：

● 你行的，你可以做到别人做不到的！

孩子说不想上学了：

上学，是对孩子"社会适应性"的考验

最近我遇到两个女孩子都不想上学了，一个是用语言说，一个是用身体说。

用语言说的那个女孩子告诉我，她不想去上学是因为班里面有另一个女孩子总抢她的风头，她去了学校就感觉很愤怒和挫败，她不想看到那个女生。

用身体说不想上学的女孩子，是我给她的翻译。这个女孩子一上学就呕吐，然后就浑身不舒服，头晕头疼，只有回到家躺在自己的床上才会好一些。而每当她好一些，妈妈和外祖父母就催促她赶紧去上学，然后她再吐，再头晕和头疼，循环往复。

● 孩子进入学校，需要适应自己的新身份

孩子进入学校，意味着要适应自己新的身份：家长不会再把他当成宝宝，他需要承担作为学生的义务、独自面对新的环境——一个他不熟悉，并且不那么自由自在的、舒适的环境。在这个环境中，老师和所有的空间，以及空间中的物品、其他人，孩子都是要和身边人共同拥有的，要遵从学校的要求、老师的教导，要和其他同学共处，共享教育的资源，共享老师的关注，要学习和其他同学合作等。当然了，还要完成自

己的学业，还要接受家长的督促和要求。这和上幼儿园完全不一样。

所以，即将或刚刚上学的孩子，是需要一个适应期的，这个适应期，有的孩子很快就过去，进入正常的轨道，有的孩子则有诸多的不适应，或者是刚开始还可以，但经过了一个时间段后就出现了问题。

● 当孩子说他不想上学，一定有他的原因

当孩子说他不想上学，一定有他的原因，只是他不知道如何开口表达，也可能他曾经刚一开口就被家长堵回去了。

通常，小学阶段老师的年纪和孩子们的家长相仿，孩子会把对家长的情感投射到老师身上，但老师不是家长，不会全然回应某个孩子的情感期待，因为老师是面对多个孩子的。这时候，需要获得特别关注的孩子就会失落。

再者，"不想上学"包含许多的层面：比如，不想上某科的课了，也可能是人际上遇到了不愉快，也可能是不想在这个学校上学了。

我接触过一个男孩子，上学两个多月，他居然在学校没有说过一句话。于是，无论老师和同学，都对他产生了浓厚的兴趣，会逗他说话，会议论他，会特别照顾他。这个孩子获得了空前的关注。但这个关注是怪异的，不是人们正常眼光的关注。或许他也觉得自己把自己架在这里，没有台阶下了。在活动室里，我问他："你是不愿意说话吗？"他点点头，于是我对几个叽叽喳喳批评他的女生说："他只是不愿意说话，不想说话没什么大不了啊！他有这个权利！"几个女生撇着嘴离开了，这个男孩子感激地看了看我，开始和我说话了，之后

的几个星期，这个男孩子异常活跃，成了话痨，他丰富的知识把许多男生都吸引到了他的身边。看，他又获得了更多的关注，并且是值得骄傲的关注。

另有一个一年级的小男孩，平时和姥姥姥爷住，老人说这几天看孩子不大有精神头儿，于是出差几天刚回来的妈妈就问孩子怎么了，男孩子说他不想去上学了。妈妈很诧异，就耐心询问，原来小男孩是因为大家都有悠悠球，而他没有，他又不好意思向姥姥姥爷要，因为他觉得姥姥姥爷家不是自己的家，不能随便要东西。于是妈妈带他去买悠悠球，让孩子在商店里挑了一个够，孩子第二天开心地去上学了。

● 耐心询问，不带批评，才有可能了解到真相

孩子在上学的这十几年，家长不断会遇到孩子这样那样成长适应的问题，关键是家长能够理解孩子的不容易，心疼孩子的不容易，帮助孩子度过每一个"坎儿"。

当孩子说出"不想上学了"的时候，家长们，你心疼自己的孩子吗？如果心疼，那就先不要着急瞪眼，可以蹲下来抱住孩子"哦，我想你一定遇到了什么不开心的事情，你愿意讲一讲吗"，也可以说"嗯，不想上学，一定是遇到了不开心的情况，我想帮帮你，你愿意吗"。

家长只有耐心询问，不带批评，才有可能了解到真相，并和孩子一起面对，找到解决的办法。

话术

孩子说不想上学了：

● 我想你一定遇到了什么不开心的事情，你愿意讲一讲吗？

● 我想帮帮你，你愿意吗？

心理小知识

　　适应性也称"社会适应性"，它来自达尔文进化理论学说"适者生存"一词。后来专指人与社会的关系，它包括人与人之间的沟通、人对社会的适应等多方面的内容，是一个人为了在社会更好生存而进行的心理上、生理上以及行为上的各种适应性的改变，与社会达到和谐状态的一种执行适应能力。对学龄儿童来讲，社会的适应性主要表现在遵守纪律、上课专心、完成作业、和谐的人际关系、尊敬但不惧怕老师等。

孩子觉得学习没用，想当UP主：
从孩子正向的期待入手去引导

觉得学习没用，想要以后做时髦的行业，以为做视频博主或主播不需要学习文化知识，而且这些行业好玩儿、轻松、能出名、又收入不菲。这种想法在一个人小学、初中、高中、大学都可能会出现。

●孩子会对不了解的事物好奇，但并不知道行业背后的付出

孩子小的时候，会对不了解的事物好奇，他们并不知道每个行业背后的付出，只看到拍视频、做主播很光鲜。他们不知道或者不愿意去接受一个行业的"台上一分钟"背后的"台下十年功"，他们只看到人家"人前显贵"，不知道人家的"背后受罪"。因为孩子的认知还不能让他有这样的思考。

有的家长会把现实的残酷告诉孩子"你想当主播？你想搞视频。你知道人家付出了多少辛苦吗？你知道他们要学的东西可不是你想的那么简单"。

或者对孩子说"你以为你是谁呀？人家能做得好，是因为人家有这方面的天赋，人家里有这个条件。你凭什么呀"。

还有更干脆的"没门儿！甭想！你就给我好好学习，将来考大学才有出息"等。

孩子要么一听要下那么大的功夫，害怕了。要么就被打击得一蹶不振。

现在孩子普遍需要培养抗挫折的能力，坚韧的性格、吃苦耐劳的精神、恒心和毅力。但现在的孩子见识广、想法多，不是传统的教育可以奏效的。这就需要家长对孩子的教育要与时俱进，适应现在孩子的特点，他们从小就在意自己的话语权和家长的平等对待与尊重，他们更渴望家长的理解和支持。即使他们在家中没有这样的人文环境，他们在学校的交流和在社会的交往中，都会获得更开放的信息和意识。

所以，假如你的孩子提早就不想上学，想去做自媒体这样的事情，或者想早些走入社会，家长就要了解孩子这个想法背后的动机。

● 从孩子正向的期待入手，尊重孩子的理想

在一次咨询中，一个13岁的女孩子说："妈妈你知道吗，我跟你说的我喜欢古琴，我说什么你都当真，其实我只是想找一件事情让你觉得我喜欢，其实我根本不喜欢，但是我要是什么都不喜欢，你就不爱理我了。"妈妈听了很疑惑地问："那你不需要骗我啊，我还是会满

足你的要求啊！"孩子说："你只是想满足我吗？你是想满足你自己，你在外面说起来，你的小孩儿有什么本事，是你自己想显摆，根本不管我想什么！……"

我经常会问来咨询的家长——以妈妈居多，我会问她们"你们问过孩子为什么这样说、为什么这样做吗"。

当孩子提出一些让家长不愿接受的想法，家长一定会疑惑孩子为什么这么想，但家长却忽略了自己的好奇，没有把好奇当成和孩子交流的话题，而是直接表达了焦虑和负面情绪。

家长需要和孩子交流的是：

"我很好奇，你怎么有了这样的想法呢？做视频剪辑人员和UP主那么有趣吗？"

"哦，你是觉得这个有趣的职业可以不用上学也不用学习了是吗？"

"我也不了解这个行业，也不了解都是什么样的人在做这些事情，但假如你感兴趣，我们可以看看如何去了解他们，你觉得怎样？"

这样的问话，可以不去关注孩子上不上学的问题，因为上不上学的背后是有孩子的恐惧的。我们无法去承接孩子的恐惧，就可以先从孩子正向的期待入手，尊重孩子的理想，或许这并不是孩子真实的理想，但至少可以开启与孩子平等而尊重的对话。这种方式的对话不考虑家长是否阻止或放任，只是好奇孩子的想法，帮助和引导孩子去更成熟地考虑问题。思考能力也是家长可以带领孩子训练的。

当我们和孩子的对话方式变了，孩子的真实想法就会显露出来。

但也不排除孩子是真心喜欢某个职业，并且他也很了解这个职业。这样的话，如果家长有条件，可以带孩子去参观他喜欢行业的工作场所，家长更可以带孩子参观和讲解自己的工作场所，让孩子多长见识，开阔眼界。

话
术

孩子觉得学习没用，想当UP主：

● 我很好奇，你怎么有了这样的想法？做××（某个职业）是那么有趣吗？

● 哦，你是觉得这个有趣的职业可以不用上学也不用学习了是吗？

● 假如你感兴趣，我们可以看看如何去了解他们，你觉得怎样？

第二章

帮孩子融入校园生活，
这些『定心丸』是关键

孩子三天两头生病，影响上学：
"身心症"的表达

孩子三天两头生病，如果去医院查也查不出大问题。那么家长可以考虑孩子是"身心症"。

所谓"身心症"，就是没有身体器质上的原因，主要受心理精神因素导致的躯体疾病。有许多身体症状都与压力、抑郁等情绪有关，有关数据显示：大约有10%～25%的学童会出现不明原因腹痛或消化道的问题，这常与生活压力事件有关，比如上学焦虑、换学校或者要考试。

● 孩子的病，其实是在表达"爸爸妈妈，多给我一些爱抚吧"

美国最负盛名的心理治疗专家，杰出的心灵导师露易丝·海

（Louise Hay）在《治愈你的身体》（*Heal Your Body*）一书中指出：批判、愤怒、排斥，是致病最大的原因。在她另一本书，《生命的重建》（*You Can Heal Your Life*）中，她写到"爱是一剂神奇的药，'爱自己'会让我们生命出现奇迹"。

我们的孩子恰恰是不知如何"爱自己"的。而这还是源于孩子在父母那里没有得到爱的感受。

当孩子觉得"爸爸妈妈不爱我，他们只爱我的成绩"，那么在孩子心中就会产生和父母作对的心理，"你不是爱学习好的孩子吗？我倒是要看看我学习不好，你还爱不爱我"。但孩子毕竟不敢赌父母不爱他。而他发现他生病的时候，父母对他那么的关心、爱怜、疼惜与退让——"都病了，就不要上学了"，他会评估"一个为父母上学的孩子得到的爸妈爱"远不如"一个生病的孩子得到的爸妈爱"多。换成任何一个孩子，会让自己成为哪一个孩子呢？答案是很明显的——做个"生病的孩子"。

有一个女孩子，一直没有学习的动力，没有觉得快乐来找过自己，觉得自己是不被他人喜欢的。后来有一次，她偷偷听到母亲对其他人讲说"我其实是很想给孩子我拥有的一切，让她幸福和快乐，只是我担心这样讲，孩子就会不努力了"。对方对女孩儿的母亲说"不会的，孩子知道你永远站在她的身后，给她足够的支撑和支持，她反而可以很有安全感地去发展自己的爱好，去为自己学习了"。女孩的母亲听到后说"我知道了，我要把我真实的想法告诉孩子，让孩子安心"。当女孩把她听到的告诉母亲时，她的母亲很吃惊，询问孩子的感受，孩子说"妈妈，我觉得好轻松，我觉得有快乐了。原来我一直担心你不要我了"。

孩子的病，其实是在表达"爸爸妈妈，多爱我一些，多给我一些爱抚吧，让我知道你们爱我"。

那么，父母可以在孩子生病的时候对孩子说"看来你的小身体是想要告诉爸爸妈妈你需要缓一缓了，让上学这件事等一等你了。爸爸妈妈也可以等你的""生病没有关系，上学也不是最重要的，重要的是爸爸妈妈希望你健康快乐"，如果父母这样说也这样做了，看看孩子是不是就健康起来了。

试试看吧。

孩子三天两头生病，影响上学：

话术

● 看来你的小身体是想要告诉爸爸妈妈，你需要缓一缓了，让上学这件事等一等你了。爸爸妈妈也可以等你的。

● 生病没有关系，上学也不是最重要的，重要的是爸爸妈妈希望你健康快乐。

心理小知识

露易丝·海以多年的研究，整理出心理问题的症结所产生的各种症状，同时列出治疗它们应有的正确意识与心态。通过正确的意识与心态的自我对话，让我们的身体疗愈。比如，对于自己的头脑，自我对话是"我爱我的头脑。我的头脑可以给我创造奇迹。我知道我有能力治愈我自己。我选择用积极的想法去创造未来。我感谢我美丽的头脑"。比如眼睛，自我对话是"我爱我的眼睛。我在任何一个角度都可以看清。我带着爱和感激看着我的过去和我的未来。我选择用新的角度去看自己。我感谢我美丽的眼睛"等。

　　我们成年人，可以有意识地通过自我对话去疗愈自己的心理和身体，但我们的孩子，就需要父母的帮忙，"解铃还须系铃人"。

孩子上课不听课，爱和老师顶嘴：
孩子行为的背后是期待

前几天，一个教高中语文的秦老师给我讲她和一个学生对话的过程。那个学生就是上课和老师顶嘴，不听讲，也不写作业，还和老师"杠"着说"我就是不喜欢语文，就是学不好语文，我就是喜欢数学"。

秦老师在课堂上没有和他"交锋"，而是在课后找这个男生单独谈话。老师问他"我感觉到你一说起语文就有好大的气，我知道你不是对我"，忐忑的男孩子马上点头"是是，老师我不是对您，我确实不是对您"。

秦老师又问："你能告诉我你什么时候对语文有气的吗？"

于是，男生给老师讲了自己刚上小学的时候，语文学不好，上课爱打岔，家长回家总是批评他，于是，他就开始讨厌语文了。可是，他的其他功课都很好，尤其是数理化成绩优异，所以语文课上，他就要和老师"杠"，以示他不是学不好，就是不想学，这也是孩子自尊心的表现——我是"非不能也，而不为也"。

这个孩子上课不听讲，和老师顶嘴，是想保护自己的自尊，不希望老师觉得他是学不好，而是不好好学，这是我们人类在成长过程中发展出来的"心理防御机制"的一种，目的是给自己一个交代，觉得自己还不错，以此可以原谅自己某些方面的不足。当秦老师给他找到了语文学习的儿时情结，再激励他可以战胜自己曾经的"创伤"时，他的语文一定也会和其他科一样成绩优异的。

● 父母关爱不满足的孩子，会通过他的行为获取老师同学的关注

还有一种孩子，上课打岔、搭茬，这类孩子多是希望在老师面前获得更多的关注。一个班级几十个孩子，这类孩子默默无闻，成绩一般，其他地方再没有很突出的地方，哪怕是个子很高或很矮都能在几十人中显露出来，但这类孩子没有，可他们又很希望受到关注，他们就会自己找到办法让自己能够突出一些。那么，带着这样的心思，这类孩子就无法专注听讲，就要想着怎么让老师"看见"自己，顶嘴就是一个好办法。

有的孩子就是不喜欢某科的学习，或者不听老师的指导，比如幼儿园的孩子，老师让画画，他要看小汽车，说老师讲的他不感兴趣等。这类孩子在内心深处也由于长时间得不到他想要的关注和满足，在家总是被家长限制各种行为，那么，在幼儿园，他就容易和老师"杠"起来，以争取自己最大的权利。而父母关爱不满足的孩子，就会心理安全感不足，会没有办法专注与学习，也没办法专注在课堂听

讲上，这类孩子会通过他的行为获取老师和同学的关注，让自己想办法不去体会那种失落感。

有家长会说，我们已经很关注他了，怎么还会这样呢？那么家长可以回想一下自己对孩子的关注是属于"盯紧""管教""批评"多一些呢？还是"赞赏""理解""包容"多一些呢？此"严格要求的关注"非彼"满足爱的需要的关注"。

● 孩子行为的背后是期待，好的对话就是对孩子的引导

还有其他各种各样的情形，但不论哪种情况，家长在第一时间了解到孩子在学校不听讲，又和老师顶嘴。那么家长首先应尊重老师，孩子会学着样子尊重老师的。其次，家长可以从老师那里多了解一些孩子在学校的情况，比如"孩子上课不听讲都干些什么""孩子和老师顶嘴的细节是什么""孩子和其他同学的关系怎样""孩子在其他科目的课堂上的表现是怎样的"，包括"孩子在哪个老师的课堂上比较好"等，全面了解孩子的在校情况，这样有利于回到家里和孩子对话。

孩子行为的背后是期待，课堂上"心神不定"的不听讲和"让老师看到我、重视我"的顶嘴，都有孩子的期待。

家长要做的事情很简单，就是和孩子好好交谈，比如"我知道你上课不能专心听讲（这里要用"专心"二字），你一定有原因，可以告诉爸爸妈妈吗""你想想看，怎样的学习环境是你喜欢的呢？咱们可以去想办法实现""爸爸妈妈很希望你能够找到你喜欢的功课，我们都支持你"等。

对话很重要，好的对话就是对孩子的正向引导。

话术

孩子上课不听课，爱和老师顶嘴：

● 妈妈希望你能够尊重老师，老师说的可能你不能接受，你可以在下课以后告诉老师你的感受，我想老师会理解的。

● 如果你对老师有什么想法，咱们可以在课下单独找老师说说，但不要在大家面前。想一想如果其他同学在课堂上和老师顶嘴，你的感受是什么呢？

● 假如妈妈是老师，你希望妈妈的学生和妈妈顶嘴吗？"己所不欲勿施于人"，就是说自己不喜欢的事情也不要对别人做。

● 我知道你上课不能专心听讲（这里要用"专心"二字），你一定有原因，可以告诉爸爸妈妈吗？

心理小知识

　　心理防御机制是指个体面临挫折或冲突的紧张情境时，在其内部心理活动中具有的自觉或不自觉解脱烦恼，减轻内心不安，以恢复心理平衡与稳定的一种适应性倾向。个体在生活中习得的某些应付挫折的反应方式，其作用在于减轻心理矛盾，消除焦虑，更好地适应环境。由于每个人的个性特点和遭遇挫折时的情境不同，采用的防御机制也不相同。

　　常见的心理防御机制有否认、隔离、压抑、合理化、升华、幽默等。有的心理防御机制有利于身心健康，有的则对身心健康有害。理想的心理防御机制是升华，即遇到挫折后，将自己内心的痛苦通过合乎社会伦理道德的方式表现出来，例如文学和艺术创作等。幽默也就是自嘲，幽默很容易缩短与周围人的距离，而且能够帮助自己有效地寻求社会支持。

孩子对老师有不满：
有父母的那个家是孩子心中唯一的港湾

孩子对老师的不满一般会体现在以下几点：

第一，被老师批评了。多数的批评都是当着其他同学面儿的，也可能是冤枉的，也可能真的是应该批评。

第二，觉得老师有失公允，偏袒其他的同学，专门针对自己挑毛病。

第三，自己跟不上进度，老师又没有照顾到他的现状。

第四，真的就是看那个老师不顺眼，不喜欢这个老师。

第五，或许还有其他的原因。

对于老师的不满，有的孩子会说出来；有的孩子不说，但拒不配合老师的要求，比如不交作业。孩子的表现一般逃不过父母的"法眼"，只是家长不甚明白背后的原因罢了。

不论孩子对老师不满的原因是什么，家长首先不要评价老师，第二不要斥责孩子，第三更不能对孩子侃侃而谈讲大道理。

●孩子的委屈需要被了解、被信任

当孩子表现出不满情绪的时候，家长可以用"我了解了""我知道了""感觉到你很委屈（生气、失望……）""你希望妈妈爸爸怎么帮你"这样的话语，孩子的委屈被了解、被看到、被信任，这对孩子来讲是非常重要的。

有父母的那个家是孩子心中唯一的港湾。天底下除了家，孩子在哪里都不会有归属感。如果这个唯一的港湾不能好好"接纳"他，那么孩子的无助感会有多么强烈，是你我都无法想象的。

对于孩子与老师发生矛盾的情况，如果孩子提出希望由你帮忙处理，假如合理，你可以果断应下，然后和孩子一起商量如何解决；假如孩子提出的要求很不合理，你可以说"咦？你怎么会想到这个方法呢？咱们讨论一下这个方法是否合适"。孩子有时候只是想用过激的方法来试探家长，家长如果上当了，那就正好满足孩子某种心理的目的。

如果孩子表示不用帮忙，只是想和父母聊聊，说出来心里就好受了，那么家长可以问"哦！你不需要我们帮你，看来你有自己处理的方法，可以说出来听听吗？我们很希望你能开心，顺利度过这个不舒服的时候"。家长这样说，第一是认可孩子长大了、自己有能力去应对一些事情；第二能够表达家长对孩子的关心和爱。

在孩子对老师有不满的时候，家长最重要的是做到了解原委，倾听，共情。有必要的话可以去访问其他同学或向老师求证，如果真的了解到是老师的过错，家长可以在保护孩子的情况下，去向校领导反映。

作为新时代的家长，当我们学着和孩子一起，共同给教育一个尊重，给教师一个尊重，孩子在人格层面成长得会更好。

话术

孩子对老师有不满：

● 我感觉到你很委屈/生气/失望……

● 你希望妈妈爸爸怎么帮你？

● 看来你有自己处理的方法，可以说出来听听吗？

● 我们很希望你能开心，顺利度过这个不舒服的时候。

心理小知识

家是我们生命开始的地方，父母是给予我们生命的根。家庭的稳定是我们安全感、归属感的重要来源。家也是我们认识社会，连接外界世界的起点与重要场所。一个稳定而温馨的家庭，会给孩子在生命的初期一个成长的保障。孵化器就是一个很好的比喻。良好的孵化器，会"孵化"出健全的人格、健朗的性格、健壮的神经和健硕的身体，这些都是我们健康生活与人生发展的保障。

孩子在学校犯了错：
边界感要从孩子小时候开始培养

家长们提到的孩子在学校犯错，一般就是上课不认真听讲、做小动作、不写作业、下课调皮打闹；严重的错误会有欺负同学、撒谎、校园霸凌等。有的家长苦口婆心，孩子反而越来越不愿意听。我们先来了解一下，孩子们是怎么想的。

●在家里不被约束，养成散漫的习惯

在成长过程中，孩子在家里被充分地照顾和宠爱的同时，如果不被约束、疏于管教，就会变得自由散漫。那么孩子到了学校，感觉各方面都受约束，只能用各种小动作让自己"舒服"些。这样的情况，通常在小学低年级的时候出现，如果孩子习惯已经初步形成，父母就要在孩子的这个时期多费些心思，帮助孩子培养专注力。

当家长听到老师反映这种情况时，可以把孩子的表现不"如实"告知给孩子。而是采用积极心理学的倡导，发现孩子的积极面。比如家长可以和孩子说"今天老师找我了，告诉我你最近很有进步，上课可以半节课都认真听讲了"或者针对小动作的事情说"老师告诉我，你现在上课很认真，坐在位子上很踏实"。然后，加之欣喜和好奇的口吻问孩子"是这样吗""你可以给我讲讲上课的感受吗"。

家长千万不要问"今天学了什么？给我说说看"，那就糟糕了，孩子本来就没好好听讲，你再问他学到了什么，那不正是"哪壶不开提哪壶"嘛！家长之所以要问"感受"，表明家长关心的是孩子本身，而不是关心其他的。

将老师反映的孩子负面的行为，像"翻牌"一样翻到它"背面"的正向引导或正向意义，孩子慢慢就顺着"正"的方向发展了。

●破坏行为，是孩子要获得关注的一种表现

对于没有在家庭中获得父母足够关注的孩子来说，这是一个缺失。有的孩子老老实实、乖巧听话，家长格外"放心"，就很少去关注孩子。有的孩子上学遇到不适应向家长表达后，不仅得不到家长的理解，还会挨批评。那么，孩子就会"生"出事端，以获得老师和家长的关注。

孩子的破坏行为，或欺负弱小同学，通常是孩子"有气没处撒"，这其实同样是孩子要获得关注的一种表现。

孩子的"气"多是在家庭中家长和长辈"给予"的，比如打、骂、严厉苛责等。还有家长的示范作用，家长如果有暴力行为，孩子会跟着学。

总之，孩子的行为不是孩子自己"长"出来的，是一定有"土壤"培养的。家长们不仅自己要思考和身体力行，还要提醒家庭的其他成员，给孩子做个好榜样。

边界感，是要从孩子小时候就开始培养的，如果缺乏"边界"概念，孩子在外面的行为就会和在家里的行为很相似，放任、自由、无

拘无束，不分"内外"。孩子小时候没养成界限感，那家长就什么时候意识到，什么时候去帮孩子建立。孩子上学了，就要告诉孩子：在学校是公共场合，要遵守学校的规则，尤其要考虑其他人在场，上课安静听讲，不影响别人。

话术

孩子在学校犯了错：

● 老师告诉我你最近很有进步，说你上课可以……，是这样吗？

● 你可以给我讲讲上课的感受吗？

心理小知识

　　边界感是指人们对界限的判定或重视程度。人际的边界感，是伴随着我们越来越能意识到"自己"与"他人"是两个不同的个体而产生的。健康的边界意识，既让我们能够承担我们的行为和选择所带来的结果，还可以确保我们不会因别人的越界而受到侵犯。

孩子喜欢向老师"告状":
主动求助是一种能力

有的孩子喜欢向老师"告状",家长是鼓励还是制止?要具体问题具体分析。

有一个女孩子,各方面都很优秀,长得也漂亮,但是,从小学就受到一些女同学的抱团排挤。这个女孩子不是很自信,很好说话,不论谁来给她提意见,她都笑纳。一次课间,外班的几个女同学联合起来到她所在的班质问她为什么背后议论她们,并把她围住不让她去上课,好在看到老师走过来,那几个女生马上离开,才没有导致事件升级。这个女孩及时告诉了老师,老师又给家长打了电话,家长嘱咐孩子"你做得对,以后出现一点不对的苗头,都要及时去找老师。保证安全第一"。

这个女孩儿就读于寄宿学校,家长平时见不到孩子,如果是这种情况,孩子向老师的"告状"就是必要的。至少可以让挑事儿、找茬的孩子有所忌惮,不敢肆意妄为。

● **主动求助是一种能力,孩子向老师"告状"也是求助的方式之一**

这些年校园暴力在全国各地都受到了极大的重视,在我国某些省份，有我熟悉的同行老师们在政府、团委的领导之下，深入学校给孩子们讲课，宣传如何避免校园暴力的发生，教孩子们如何保护自己，如何规避风险，如何求助。如果孩子可以及时向老师求助，可以避免许多不必要的恶性事件发生。

主动求助是一种能力，孩子喜欢向老师"告状"，也是向老师求助的方式之一。

● 孩子喜欢向老师"告状"，说明孩子没有"权威恐惧"

老师是距离孩子最近的成年人和管理者，孩子可以大胆地找老师，不论是"告状"还是聊天，证明孩子是信任老师、尊重老师的。孩子可以信任他人、尊重他人，是值得发扬的优点。

孩子喜欢向老师"告状"，说明孩子没有"权威恐惧"，说明这个孩子的家长也是民主型的，能够给到孩子自信和尊重。孩子不惧怕家长，就不会惧怕老师、领导等。

一个暴力的家长、一个忽略的家长，都可以让孩子不去、不想、不敢信任大人。孩子反而会在真正需要成人帮助的时候，错失时机。

家长在听到孩子向老师"告状"这件事，可以从正向的语言出发"看来，你很信任你们老师，愿意找老师去汇报啊"，之后，再继续对话。

● 家长要视获得信息的方式来决定如何与孩子对话

首先，如果是老师讲给你的，说"你家的孩子特别喜欢到我这里告其他同学的状，家长你要重视了"，那这个时候，是需要家长先向老师了解孩子都告的什么状，并了解老师是如何回应你家孩子的，老师对这事的态度是什么，老师希望家长可以怎么做。

家长可以在饭后晚一些的时间，问孩子"我听老师说你对××（某个同学的名字）同学有看法，能不能和我讲讲，我们一起分析一下"。这个时候不要卖关子，要直接说我听老师讲的，带孩子一起直面老师告诉家长这件事，这里，家长的态度最重要，不要批评也不要指责，因为家长并不了解从孩子的角度是如何想的，家长带着尊重与好奇的态度，带孩子从客观的角度来分析，孩子是不会抵触的。家长也可以视情况问孩子"你知道老师看这件事的角度吗"来训练孩子从另外的视角看待事物。

其次，如果孩子喜欢向老师告状，是其他小朋友或同学告诉你的，那么家长可以多问问这个同学事情是怎样的，也可以向自己的孩子澄清一下。这里注意，不要在其他同学面前批评或质疑自己的孩子，而可以对其他同学讲"哦，你们告诉我这件事情，我知道了，但我想××（自己孩子的名字）他一定有他的想法和态度，你们每个人都有自己的角度，其实可以进行讨论，分享每个人的观点，不好的改正，好的互相学习，大家可以共同进步"。

家长通过孩子喜欢找老师告状这件事，可以看到孩子的世界观和价值观。不论正确与否，孩子善于观察，愿意思考，有他独特的看问题的角度，这个是值得鼓励的。我们可以表扬孩子"你观察事情很细致，也有自己的观点，也能够大胆地向老师报告，这是好的。但问题有时候可能不是我们所理解的，我们不能主观评价别人的行为和想法。所以，咱们可以看看，这里面你的想法是否客观"。

孩子喜欢向老师"告状"：

话术

● 你可以给妈妈（爸爸）讲讲事情的经过吗？

● 哦，你告诉了老师，老师是什么态度呢？

● 有些事情，我们的看法和人家的看法不一样，不要急着去"告状"，可以学着和同学先沟通，从对方的角度了解一下他的想法和事情经过。

心理小知识

孩子的价值观和世界观，主要受父母影响，学校的教育只是一个方面。孩子价值观和信念的形成分成几个阶段：

0~7岁是印记时期。这个阶段孩子的思想像一张白纸，他们会毫无保留地接受父母向他们表达的所有"事实"。家长在孩子的这个时期，要达成一致的观念。

8~13岁是模仿时期。孩子会不断地找寻模仿的对象，最先就是父母，之后是他接触最多的家人，上学后会模仿老师等。对于父母来讲，这个阶段身教重于言传。

14~21岁是社交时期。孩子的成长介于成年和未成年之间。他们要融入社会，更重视朋友关系。这个时期他们更需要父母的尊重，家长需要帮助孩子形成积极正面的价值观。

家长要在孩子不同的发展时期，关注孩子价值观的形成过程，帮助孩子正确看待人和事物。如果发现孩子出现了偏差，要及时引导和纠正。

如何询问孩子在学校是否受到欺负：

就观察到的孩子的状态询问

　　近些年，许多地方的学校都出现了校园霸凌事件和其他发生在校园内的伤害事件，这让许多家长担心孩子在外受到欺负，又担心孩子受到欺负不敢告诉爸妈。虽然，"传说中"的伤害事件时有曝光，可左看右看，身边真正遇到这样事件的还是属于少数。但，不怕一万就怕万一，一旦出现，家长后悔也来不及了。

　　有的家长问："我们做家长的该怎么询问孩子是否在学校受欺负呢？"

　　孩子无论哪个年龄，似乎对于被欺负的事件，都不愿意和家长讲，孩子担心被家长训斥，因为多数家长在询问孩子此类事件时，都很严肃，让孩子觉得这是一件多么可怕的事件，一是不愿面对不愿回忆，也不愿让大人觉得自己不够好而训斥。二是，有些孩子也不愿让父母担心，觉得自己能抗过去，就自己处理，假如可以安全度过，还会觉得自己很棒。

● 家长首先要"防患于未然"

　　对于孩子在校园的安全问题，家长首先要"防患于未然"。"知子莫若母（父）"，家长最了解自己孩子的个性和应对能力，知道孩子在群体中和与同龄孩子的交往中，会处于什么样的人际位置，是忍让的、躲避的，还是冲动的、勇敢的和蛮不吝的等。那么家长可以在孩子刚入学的时候，就嘱咐孩子不要欺负别人，要和同学友好相处，如果遇到很蛮横无理的，尽量不去招惹对方，如果和同学有了矛盾，可以好好说，不要争执，更不要动手。假如遇到打架事件或有人找你打架，尽量去叫老师，或叫同学找老师，学校里的任何老师都可以找等之类的话。

在保证孩子在校内的安全防范中，更要保障孩子在校外，如放学路上的安全。孩子在小的时候，大人接送是正常的，但有的孩子三四年级的时候，离家近一些的就自己上下学，孩子的自控能力有限，半路磨蹭或跑去哪里不直接回家的，家长可以对此有时间和路程的要求。

● 就观察到的孩子的状态询问

当我们对孩子在外的安全问题有了一定的防范措施，也不一定就万无一失，依旧可能会出现孩子被欺负的事情。孩子可能不会对家长说，但作为孩子的家长，几乎可以洞察到任何蛛丝马迹，觉察孩子的异样之处。家长可以就观察到的孩子的状态询问。比如，看到孩子神情沮丧，可以放低身体，环抱着孩子问"宝贝，你好像不太开心，妈妈很想帮你。可以告诉妈妈发生了什么吗"。

有的家长习惯性地，看到孩子衣服又脏又破，马上情绪上来了开始训斥："怎么搞的，又弄得这么脏！哇！裤子还破了！真是不让人省心，这孩子怎么这么让人讨厌！……"此时，家长是觉得孩子给自己找麻烦了。

　　家长从心疼孩子的角度看待孩子的状态，才能关注到孩子的感受。家长最好的问话是"怎么你的衣服这么脏？还破了？快脱下来换上干净的，妈妈晚上给你好好洗洗"。然后，家长需要放下手中忙活的事情，领着孩子去洗洗手、洗洗脸，帮助孩子换下脏的、破的衣服，再给孩子喝点儿水，吃点甜食。给孩子的心理有一个缓冲的时间和机会。之后，可以拉着孩子的小手，问问孩子"是发生什么事情了吗？告诉妈妈（爸爸）发生了什么，爸爸妈妈是要帮你的"。

　　如果孩子受伤了，这个时候，就不要问孩子发生了什么、怎么弄成这样的，而是要先关心孩子身体上的伤，看是否需要先处理伤口，然后再关心孩子"很疼的，是吧？妈妈（爸爸）看着好心疼！你现在想怎么样可以缓一下"以及给予之后的心理缓冲时间和对事件的询问。

　　无论是什么原因，家长想了解孩子在学校是否被欺负，都要先从孩子的角度考虑孩子的接受程度，既不要让孩子觉得很恐慌，也不要放任孩子的"无所谓"，安全意识淡薄。

　　但最重要的，还是培养孩子的人际交往能力，培养孩子处理人际冲突的能力，培养孩子的良好性格，培养孩子适应环境的能力，培养孩子的真诚、善良、友善、勇敢、智慧的品格是一切安全的首要保障。

如何询问孩子在学校是否受到欺负：

话术

● 宝贝，你好像不太开心，妈妈很想帮你。可以告诉妈妈发生了什么吗？

● 是发生什么事情了吗？告诉妈妈（爸爸）发生了什么，爸爸妈妈是要帮你的。

● 看到你的样子，妈妈（爸爸）看着好心疼！你现在想怎么样可以缓一下呢？需要爸爸妈妈为你做些什么呢？

心理小知识

国家教育行政学院副教授石连海指出：

1.校园欺凌指的是特定的群体（个体），通过语言、行为及其他媒介手段，对受欺凌者进行持续、长时间的作用，使其在心理和身体上造成伤害的现象。校园欺凌不仅是行为上的暴力还包括语言暴力，给受欺凌者起侮辱性绰号、嘲笑受欺凌者某些缺陷、指责受欺凌者无用、侮辱其人格等。欺凌过程中，欺凌者认识不到自己错误的行为，受欺凌者不敢或无力反抗。学校必须预防和制止欺凌事件的发生，以保护学生的合法权益。

2.受欺凌者集中于特定的学生。这些学生性格内向、胆小、怕事，在学校生活中朋友很少，甚至没有朋友。他们大多语言表达能力差，缺乏与同学相处的技巧，不少属于身体障碍者、家庭贫困者、单亲离异家庭、留守儿童等群体。

所以家庭教育、家长重视与家庭关爱在孩子成长中的作用是不可或缺的。

孩子放学后，家长怎么询问一天的学习状况：
越是盯着问，孩子越容易生出反抗之心

有些家长在孩子放学一进家门就问"今天在学校怎么样"，孩子回答"还行"这样的"绝句"。之后，父母再追问的情况下，孩子就开始不耐烦了。于是，对话终止，聊天"死亡"！

● **家长越是盯着问，孩子越容易生出反抗之心**

我们做家长的也都是从儿时过来的，也都经历了孩子成长所经历的身心发展阶段。但当我问及成年人们是否还记得自己小时候的心理状态的时候，很多家长说"不记得了"，也有家长说"我小时候可不是这样"，那我又问了"你小时候你的父母对你和你对你的孩子一样吗"。

多数"小时候很自觉"的父母，都说"我爸妈哪有时间管我啊""我父母都没有文化，他们哪管得了我啊"。

看，家长在孩子成长中不太"作为"的，孩子反而可以按照自己的节奏去安排自己的学习。

我们在心理咨询遇到的亲子沟通案例中发现，家长越是每天放学盯着孩子问孩子在学校怎么样、作业完成的怎么样或者和同学相处的怎么样这些属于孩子自己学习和生活的问题时，孩子都不愿意和父母讲。反而父母什么都不问，只是拥抱一下，或者只是问一些与孩子自身相关的问题，如，累不累啊、饿不饿啊、开不开心啊等，孩子反而会围着父母尤其是妈妈滔滔不绝。

●站在"协作者"的角度，协助孩子成长

在我的一次咨询中，这个妈妈很困惑的是，面对每天放学回到家的女儿，她心里很想了解女儿在学校的生活，但又不敢问，因为最近只要妈妈一开口，女儿就很不耐烦，妈妈觉得自己怎么说都不对，内心很受伤。当我们坐下来一起对话的时候，孩子说"其实你什么都不问，我反而想和你说话了"，我问这个女孩儿"是不是希望自己可以控制话题和节奏"，孩子说"是的，但我妈总是想控制我，好烦的"。

我也尝试让一些家长改变和孩子对话的方式，收效都很好。而且家长对孩子的态度要始终如一，它是从一天的早上开始，到下午回家，到晚上的相处，就像是一个"套装"，是连续的、持续的一个态

度和角度。

这个"态度"要求家长给孩子一个"呼吸"空间的态度，让孩子可以自己去管理自己的生活和学习、时间和空间，让孩子发展他们这个年龄可以自己做的事情。家长不要把孩子可以有的功能给扼杀了。

那么"角度"是什么呢，角度要求家长站在协作者的角度，协助孩子成长，协助孩子成为符合社规范要求的孩子，而不是从管理者的角度，处处限制孩子、处处评价孩子。而是"有条件地帮孩子"，即在超出这个年龄的孩子可以做的地方去帮他。家长可以说"我相信你自己可以的，需要我帮忙的时候，随时叫我啊"。

当家长抱着这样的态度与孩子沟通，通常是可以达到愉快相处目的的。具体做法可以参照并尝试如下的举例：

第一，早上送孩子上学，或在家门口告别。

家长可以拥抱一下孩子，并说"祝你今天开开心心的"然后让孩子离开。

第二，下午放学了，孩子推门而入。

这时候，家长们请收起好奇心，可以做一个拥抱的仪式，对孩子说"上了一天学，辛苦啦！吃点水果吧"，然后，不要追着等孩子的回应，可以继续说："我去买菜做饭，你自己照顾自己啊"。

第三，假如需要和孩子谈一些话题，可以和孩子坐下来，一边聊天，一边根据话题，与孩子有肢体上的接触：拍拍肩膀，把你的手覆盖在孩子的手背上，或者捋一捋孩子的胳膊、膝盖等。这时可以说"爸爸妈妈很关心你在学校的过得怎么样，想听听你讲讲你的事情"。

如果孩子还是不想说话，那么做父母的可以讲讲自己的工作内容，讲讲你值得骄傲或有趣的经历，甚至于自己小时候的故事。

而当孩子开口谈他自己的事情、谈他的观点的时候，家长要静静地倾听。

孩子是未来，站在成年人的肩膀上，借鉴着前人的经验，可以比前辈有更多新的、先进的眼光、技术和观点。"青出于蓝而胜于蓝"不是告诉我们更需要重视和尊重下一代的吗？

当家长把双眼盯着孩子一举一动的紧张状态，还原成有孩子之前的看世界、看其他的人和事物的平常心时，孩子就有了放松的空间，也愿意和父母交流了。

孩子放学后，家长怎么询问一天的学习状况：

话术

- 回来啦！来，拥抱一下！

- 今天在学校过得怎么样？能给我讲讲吗？

- 回来啦！妈妈上班忙了一天，又见到你好开心！来，拥抱一下。

- 你今天有什么有趣的事情给我们讲讲吗？

- 我今天遇到一些有趣的事情，你愿意听听吗？

- 上了一天学，感觉怎么样？

心理小知识

倾听在心理学上的要求与普通只用耳朵的"听"是不一样的，它是心理咨询过程中的一个重要部分。倾听既是一种与人沟通的手段，同时也是一种与人交往的艺术，属于"有效沟通"的必要部分。

倾听需要对他人关注，注意体察言说者的用语、语气、表情、情感、背后的意思和对倾听者的期待等。在倾听过程中，不仅要关注对方说的是什么，还要留意对方是怎么说的，并在必要时有所反馈，让对方感受到你和他在一起。倾听过程中，需要尊重他人和理解他人，不要心不在焉、无故打断对方，更不要轻易评判对方。

倾听的原则，在家长和孩子沟通中也是非常有用的。如果在倾听孩子讲话时，可以及时回应，并带有一些亲切的肢体动作，比如拍拍孩子的手背、肩膀、后背等，孩子会感觉到父母对他的关切与爱护。

发现孩子考试作弊：
所有风险行为背后都会有利益的存在

监考老师发现孩子考试作弊，您看怎么跟孩子聊一下。

　　考试作弊，自古有之。无论哪个时代的学生，考试作弊屡禁不止。虽然我们做家长的对孩子作弊的问题很头疼，但我问过很多成年人，他们在从小学到大学十几年的学生生涯中，或多或少都有过考试作弊的经历，也有被老师抓住告诉家长的，都有很不愉快的记忆。轻则家长、老师批评；重则家长打骂体罚、学校公示处分。而到走向社会，长大成人，曾经的一切也就烟消云散。也有一些人因为当初的考试作弊，影响了未来成长和发展，本可以在学业上继续精进，但由于某次的考试作弊被处罚，影响了一生的前途。

　　那么，在心理学上，考试作弊的孩子，其心理动因是什么呢？我们可以试想一下，一个孩子特别希望自己考试取得好的成绩，但由于种种原因的限制，他无法依靠自己的力量去考出好的成绩，他才会铤而走险去作弊。

● 所有风险行为背后都会有利益的存在

在前面其他章节中我们也提到过，每个孩子都希望自己是好的，希望可以在同龄人中、在老师眼中是个学习好的孩子，是个优秀的学生，尤其是在父母的眼中，更尤其是在妈妈的眼中。

在学生时代，分数体现了对一个孩子几乎一切的评价。孩子追求高分数，我们看到孩子的期待是正向的，愿望是好的。他是希望获得认可的、表扬的。这关乎孩子的自我评价，关乎孩子决定自己成为什么样的人。可是，家长和老师在遇到孩子作弊问题的时候，都会看到孩子的"品质"问题，都会关注"你怎么可以作弊！你知不知道这是错误的行为"，很少关切孩子作弊的目的，更很少看到自己给予孩子的压力，让孩子在痛苦中挣扎。

孩子作弊的目的有很多，每个孩子都不一样。比如，有的孩子想取得好的成绩，可以不必面对家长的指责、批评，甚至体罚；有的孩子被周围的人一直夸赞聪明，但只有他自己知道自己的学习状态怎样，为了保住面子，孩子就在考试的时候作弊……

所有风险行为背后都会有利益的存在，这个利益为这个人自己觉得自己是重要的。而孩子认为自己的重要，通常都伴随着对父母如何交代。

所以，当家长发现或者得知孩子考试作弊，但孩子并不知道你已经知道了，那么，可以从其他的角度入手与孩子交流。可以和孩子聊一聊孩子希望自己成为什么样的人，可以说"你希望自己将来长大以后成为什么样的人呢？是不是很优秀的人呢？因为我觉得你很希望自己是个好学生。但，好学生不是非要每一科都考高分数，而是要一个人的德、智、体全面发展。一时的考试没有那么重要，每个人都有自己的长处，只要你尽力了，每一次都会有新的进步"等。这样谈心，可以让孩子正确对待考试，同时，也表明家长的态度。

假如孩子知道父母已经知道自己考试作弊这件事了。那么，家长可以先让孩子从紧张、担心的心理状态中放松下来。可以轻轻捏一捏孩子的小肩膀，摸摸头或者抱一抱。然后对孩子说"我知道你今天考试有不是自己答题的时候"，家长此时不要用"作弊"这个词，我们尽量避免给孩子"贴标签"。

家长可以继续说"我知道你很希望考一个好的成绩，你一定有你的理由"。此时，家长可以看着孩子的眼睛，等待孩子的回应。

不论孩子如何回应，家长所要表达的最好是"但是，我更希望你可以真实地面对自己，这样，你的心情可以放松，而不是担心什么"。此时可以带着孩子深呼吸几下。

之后，家长可以给孩子一个态度——"我希望你可以喜欢学习，考试只是检查你学的东西记住了多少、理解了多少。如果需要爸爸妈妈陪伴你复习，你可以告诉我们，如果你需要其他的帮助，也可以提前和爸爸妈妈说。我们愿意和你一起进步"。

孩子的行为如果被强化了负面的定义，那么，孩子有可能会觉得自己是一个"坏"的个体，会觉得自己不值得被善待，那么他未来的行为走向也会趋于自我否定。所以，孩子的作弊，家长要更多地看到孩子的正向愿望，并加以正确的引导。

发现孩子考试作弊：

话

术

● 一时的考试没有那么重要，每个人都有自己的长处，只要你尽力了，每一次都会有新的进步。

● 我知道你很希望考一个好的成绩，你一定有你的理由。我更希望你可以真实地面对自己，这样，你的心情可以放松，而不是担心什么。

● 我希望你可以喜欢学习，考试只是检查你学的东西记住了多少、理解了多少。没关系，放松心情，认真对待就可以了。

● 如果需要爸爸妈妈陪伴你复习，你可以告诉我们，如果你需要其他的帮助，也可以提前和爸爸妈妈说。我们愿意和你一起进步。

心理小知识

　　记忆和情绪都是大脑的工作，都属于心理学研究的范畴。洪兰教授在脑科学和心理学的研究中发现：记忆是大脑神经回路的活化，增强记忆，就是增加提取记忆线索的强度。而在众多增强记忆的线索中，最有效的就是情绪。情绪可以增加记忆强度。在大部分的学习中，都较偏重记忆，而学习的两大条件就是情绪与动机。神经学发现，大脑可以不停地因外界需求而改变内在神经的连接，而动机才能激发神经回路的活化。所以，在神经学上，要使学习有效，必须先激发学生的动机，主动的学习才会使神经连接。

　　现代科学研究证实了曾经研究情绪与记忆关系的科学家的发现：情绪低落的学生，几乎忘掉了记忆内容的25%；而情绪很好的学生，在相同的时间内忘掉了5%。被证实的这一发现说明情绪好的学生学到的知识远远超过情绪不好的学生。

　　而学生情绪的来源，绝大多数都与家庭关系，即父母对待孩子的态度，以及父母给予孩子的支持有关系。

孩子在学校被欺负，要怎么教他有效保护自己：
家长要挺身而出做孩子的后盾

儿童欺负行为，通常是指儿童之间，尤其是中小学生之间经常发生的一种特殊类型的攻击行为。英国伦敦大学金史密斯学院的彼得·史密斯教授提出欺负的定义，即欺负是力量较强的一方对力量较弱的一方实施的攻击，通常表现为以大欺小、以强凌弱、以众欺寡。

儿童之间的欺负，这种攻击有的是直接肢体上的，有的是直接言语上的，有的则是在背后搞鬼，比如说坏话、造谣，包括现在利用网络的陷害等。还有的欺负是拉拢群体对某人的孤立和针对，给被欺负者带来极大的心理负担和心理阴影。

家长需要细心观察孩子放学回家后的情绪，如果孩子出现情绪低落，甚至抑郁；注意力分散、神情恍惚；感觉孤独并不想上学，甚至学习成绩下降、逃学和失眠等问题，家长就需要为孩子"按下暂停键"，需要和孩子好好谈谈。比如，可以对孩子说"妈妈看到你最近情绪不太好，因为妈妈很在意你，所以想和你谈谈，你看可以吧"，或者"妈妈看到你最近睡不好觉、成绩下降，因为妈妈很心疼你，很想帮助你，你愿意和妈妈谈谈吗"，并且可以强调"爸爸妈妈不会批评你，因为我们很爱你，很希望你快乐"，甚至带孩子找专业的心理老师。

我曾经接诊过一个个案。女孩儿刚上小学两个多月，有一天早上无论如何都不去学校了，家长不明就里，强行带孩子去学校，孩子在校门口大哭大闹，就是不进去，最终还是被家长带回家，但孩子始终不说为什么不去学校。家长问老师，老师也不知道。当家长带着孩子来我的咨询室，孩子极其胆怯。咨询中发现原来孩子在学校被打了三巴掌。经过给家长的咨询和辅导，我给家长留了"作业"，以对话方式的改善，让孩子在爸爸妈妈这里获得更多的支持和鼓励。比如，日常和孩子的对话是"今天你（某件事）做得真好，妈妈发现你做这件事是经过思考了的，真棒""嗯，爸爸发现你比以前爱讲话了，变得开朗了，真好""刚才你讲了和小朋友怎么在一起玩儿的，爸爸妈妈觉得你真是长大了，可以很自信地和别人交往了"等，并且让家长回去做如下的事情：其一，让妈妈每天晚上睡觉前表扬孩子的3个优点，于是妈妈白天就尽力观察孩子的表现；其二，让爸爸或妈妈打扮得精神一些，去学校找老师谈谈，希望老师可以耐心温和地对待孩子，因为孩子比较胆小，拜托老师和家长一起帮助孩子提升自信；其三，让父母给孩子及时的语言鼓励和肢体的支持，如拥抱、拍拍肩膀或手臂等。几个月后，孩子不仅回到学校，并且表现出各方面的进步，还爱上了表演，经常让妈妈在朋友圈里发她表演唱歌和朗诵的视频，妈妈会把获得的好评给孩子看，孩子从中获得了更多的自信。

我的咨询个案中，有的女孩子被其他女生联合起来欺负，这类女生通常面容姣好，长相较为出众，但性格柔弱，家教较严，不争不抢，不会扎堆儿聚群，极容易被同龄女孩妒忌，同时又没有强有力的同伴或较为多数的群体支持，只能在被欺负的时候忍耐和退缩。

孩子被欺负，通常与孩子的个性有关，而个性多是在家庭成长中、在家庭关系的互动中形成的。孩子在家庭中关系模式的养成会带到社会环境中，孩子最初独自接触的社会环境，就是幼儿园、学校。在这里，没有家长在左右，许多人际的交往都需要孩子独自面对，并学习应对各种关系情景。适应性强的孩子，会在这个过程中成长，但也有一些较为"特殊"的孩子，会经受打击，并变得行为退缩、心情沮丧等。比如彼得·史密斯教授和许多行为工作者、教育工作者在多年间进行了大量关于儿童欺负的调研和工作之后提出的外部特异性假设理论。这一理论认为，儿童之所以受欺负是其自身具有一些外部异常特征，如肥胖、戴眼镜、讲方言等。这在我的生活经历、认识和接触的人中，以及心理咨询个案中都有印证。

尤以近些年的个案接触中，家长在其间需要起到重要的作用。第一，家长要培养孩子坚强独立的个性，并在孩子被欺负之初，要挺身而出做孩子的后盾，给予孩子支持和保护，可以和孩子对话"有人欺负你，爸爸妈妈知道你很不舒服，有爸爸妈妈在，放心吧！我们看看怎么消除这个不好事情对你造成的影响"。第二，防患于未然，教会孩子主动求助。家长是最了解自己孩子个性的，如果觉得自己的孩子在外容易处于被动的状态、容易退缩、容易被欺负，家长在帮助孩子培养良好个性的同时，需要提前告诉孩子"遇到有人欺负你，要勇敢说不，要及时告诉老师，也要尽早告诉爸爸妈妈，我们会保护你的"。第三，提升孩子的自信心。家长可以在家里面和孩子一起训练孩子的自信，比如多夸孩子，和孩子一起列出家庭每个成员的优势和值得骄傲的地方。这里提及一个重要的心理学应用原理——"妈妈越漂亮，孩子越自信""爸爸越精神，孩子越自信"。意思是孩子都希望爸爸妈妈在形象上注重仪表打扮、举止和言谈，标准是以孩子觉得好为准。父母注重形象，会提升孩子的自信。

孩子自信了，就不会在学校这个竞争的环境行为被动和退缩。竞争假设理论认为，儿童的欺负行为是在学校参与竞争和追求成绩的结果，是对在学校受到挫折和失败的一种反应。

另有对于儿童欺负的一种理论是依恋理论假设。这也是近些年来心理学研究发展更加重视的视角——家庭。这一假设是指：儿童早期与照看者之间形成的依恋类型，影响着孩子将来处理人际关系的内部工作模式（Internal Working Models, IWMs）。如儿童在早期形成不安全的IWMs，那么，将来孩子进入幼儿园或学校，就容易产生不安全感和焦虑，从而导致欺负发生。心理学家研究发现，具有不安全依恋历史的儿童比其他儿童表现出了更多的欺负行为，而具有安全依恋历史的儿童则能回避欺负行为。

孩子3岁上幼儿园其实是一个人走向社会化的开始。自此之后，孩子在成长的路途中，不断地走向社会。首先，孩子的见识越多，他对与外界接触就越不惧怕。见多识广的孩子，自信也会随之增强。但首要的条件是，孩子在逐步接触社会的过程中，是循序渐进的，是在家长的带领和保护下，逐渐扩充对外部世界的认知和应对能力的。其次，家长不能依赖孩子自己学会保护自己，家长给到孩子的安全感，是对孩子非常重要的保护。在我的一个咨询现场，有个父亲对女儿说"闺女，别怕，以后在学校里，再有人敢这样对你，一定告诉爸爸，爸爸绝不会批评你，爸爸永远都会支持你保护你"。作为子女，听到家长这样的话，是不是很安心呢！

每个孩子成长的路都不是一帆风顺的，要让孩子学会规避风险，同时也要规避人事上的风险。孩子既要有自己的应对能力，也要学会求助。孩子在学校里可以主动交一些谈得来的朋友，并且在遇到事情的时候，不仅要主动告知老师或学校领导，也要主动告知家长。孩子能够去求助，也是心理健康的表现。

如果孩子和妈妈的关系亲密而愉悦，那么孩子就可以建立好的人际关系，有了好的人际关系，就会有好的社会支持系统，孩子就不会孤立受欺负，也会化解人际危机。孩子和爸爸的关系亲密而愉悦，那么孩子就不会怕老师、怕领导，就会建立自信，就会主动寻求老师的帮助，化解危机。

孩子在学校被欺负，要怎么教他有效保护自己：

● 爸爸妈妈看到你最近情绪不太好，因为我们很在意你，所以想和你谈谈，你看可以吧？

● 妈妈（爸爸）看到你最近睡不好觉、成绩下降，因为妈妈（爸爸）很心疼你，很想帮助你，你愿意和妈妈（爸爸）谈谈吗？

● 有人欺负你，爸爸妈妈知道你很不舒服，有爸爸妈妈在，放心吧！我们看看怎么消除这个不好事情对你造成的影响。

● 遇到有人欺负你，要勇敢说不，要及时告诉老师，也要尽早告诉爸爸妈妈，我们会保护你的！

心理小知识

　　人格培养是教育的核心。人格是指一个人与社会环境相互作用表现出的一种独特的行为模式、思维模式和情绪反应的特征，也是一个人区别于他人的特征之一。简单来说，人格是指人的性格、气质、能力等特征的总和，它受遗传和成长环境两方面因素的影响。一般来说，一个人的人格是稳定和持久的，但在不同的情境下会有所不同。不同情境要求一个人的人格表现出不同的侧面，因此我们不应该孤立、静止地看待人格。

　　人格受家庭环境影响很大。孩子从出生到童年时，家庭中的亲子关系会影响孩子的行为模式。中国人讲"三岁看大，七岁看老"，便是对人格形成的总结。幸福的童年有利于儿童发展健康的人格，不幸的童年会使儿童形成不良的人格；溺爱可能导致孩子形成不良的人格特点，逆境可能磨炼出孩子坚强的性格。所以，在孩子小的时候，家长就应该有意识地培养孩子健全的人格，如自立意识、自信心、自尊心、自制力和乐观向上等。

怎么预防孩子被校园暴力：
教育孩子关注自己的言行

前文讲到孩子在学校被欺负的问题，孩子被欺负，多是一个双向的情况，是孩子在关系中的境遇，并且从生命安全的角度，相比校园暴力要轻一些。而校园暴力，有时候是单向的，是有暴力倾向的学生单方面对其他人的暴力行为，有时候指向性不那么确定与明显。校园暴力的发生，多是突发、猝不及防且危害极大的。乍一看，校园暴力的发生没有征兆，但细分析一些案件，其实还是有蛛丝马迹可循的，只是被和谐滋养的我们没有这种警惕性，也没有发现征兆的经验。

校园暴力的定义是"发生在学校校园内、学生上学或放学途中、学校的教育活动中，由老师、同学或校外人员，蓄意滥用语言、躯体力量、网络、器械等，针对师生的生理、心理、名誉、权利、财产等实施的达到某种程度的侵害行为。"校园暴力的发生，已经成为现代青少年成长安全的极大隐患，有些孩子因此失去生命，细思极恐。

●校园暴力的施暴者，在暴力事件发生之前会有所征兆

近年来，从网络上、影视作品中，反映出来的校园暴力事件，无论是伤害同学、伤害老师的，很多都不是一下子突发的，会有一个积

蓄的过程，如果细心，都会发现有蛛丝马迹的。施暴者，或者有人格缺陷，或者有心理问题，都会在暴力事件发生之前有所征兆，只是我们的孩子、家长、老师没有办法识别，也没有预警经验。

大家还记得2004年的马加爵事件吗？同学回忆介绍，马加爵平时爱踢足球和打篮球。平时打球，只要有人踢不好或无意间踢到他身上，他便会动怒，有时甚至翻脸骂人。有同学回忆，马加爵以前经过某宿舍，只要听到里面的音乐声大一点就会破口大骂。有一次同宿舍的一位同学动了马的东西，马发现后便一直记恨在心，从此不再理睬该同学。同学都说他性格孤僻，不太好相处。这样的人物性格，如果同学和老师早一些重视，提前采取一些防范措施，或许悲剧就不会发生。

既然我们没有对于危险的识别与预见性，那么，我们最好的办法首先是教育我们的孩子关注自己的言行，不要激惹情绪容易激动的同学，也不要参与孤立、欺负某个同学，更不要扎堆儿看热闹起哄。对不正常的状况、不确定的事件和不确定的人的情绪等，首先选择回避。

记得我小的时候，20世纪70年代初期，有一次遇到大街上聚众打架斗殴。我正和父亲路过，我很好奇，就拉着父亲往那边凑。我一把被父亲拉回来，一边跟随父亲快速离开，一边听父亲说"以后遇到这种事情就远远躲开，小孩子千万不要凑热闹。你不知道什么时候就会出什么事儿，伤着都不知道怎么伤的"。结果凑巧，同院儿的一个大哥哥捂着脑袋回来了，就是在旁边看热闹被乱扔的砖头打伤了，流血不多，但也是伤着了。从此，我便知不论在哪里，以我的能力，我都远远躲着骚乱的人群。

对于校园暴力的应对方法，有各种各样的讨论和方式。但总结起来也不外以下几种：

第一，保护自己。家长告诉孩子能躲开就躲开作恶之人。不论是道听途说的，还是亲眼见到的，孩子要学会评估事态的大小，及时躲开危险，然后报告老师或报警。同时教育孩子不要攀比，学习用具和穿戴等要和其他同学一样，不留突出的装扮，以免招来抢夺。

第二，关注他人。在孩子上学以后，家长需要经常询问孩子班上同学们的情况，通过孩子的描述，了解孩子身边的同学、老师和校园的情况。通过和孩子聊天，可以总结并判定大致的校园安全状况。比如可以问孩子"今天学校有什么和平时不一样的事情发生啊"或者"你说的那个爱发脾气的同学，今天有没有好一些啊"等，从孩子的角度了解校园和班级的状况。

第三，建立联系。这里指的是家长和家长之间，家长和老师之间，甚至和孩子的同学都可以建立联系。现在几乎每个上学乃至上幼儿园的孩子都有家长群，家长首先要和家长群群友建立友好的关系。群内的各种信息要经常关注，假如家长工作太忙，也要结交一两个合得来的家长，彼此提醒群内动态，也需要和老师多沟通，以免有关键的信息遗漏。

第四，孩子性格的培养很重要。好的性格不仅可以让自己获得更多的朋友和友谊，在有危机的时候更可以互相帮助，也许一个好的性格加上一个好的口才，可以缓解对方的激烈情绪也说不定呢。

第五，彼此尊重，爱的传递。家长尊重老师，孩子尊重老师和同学，即便有的孩子因为家庭爱的缺失而造成性格孤僻、性情乖张等，当我们的孩子可以带动更多的人给予这个孩子友爱和温暖，或许，可以让一个有暴力倾向的孩子变成充满友爱的人。

话
术

怎么预防孩子被校园暴力：

● 你今天在学校都有什么特别的事情发生吗？

● 听说有同学被欺负了，你知道是怎么回事吗？你是怎么成功躲开的呢？

● 如果遇到有人打算欺负你，尽量往人多的地方去啊，然后及时告诉老师或者爸爸妈妈！

● 那个脾气暴躁的同学一定是缺少人关爱他，你可以告诉老师他的情况，让老师和同学多给他一些温暖。

● 不要欺负同学，也不要害怕强势的同学，要学会尊重他人，不卑不亢。

第三章

要孩子性格好、朋友多，先给足孩子社交的自信心

孩子胆小内向：
有力量的妈妈胜于一切"武器"

小朋友你叫什么呀？

宝宝跟奶奶打招呼呀！

孩子胆小内向的问题，是许多家长遇到过的。形成孩子胆小内向的原因有很多，这里不谈论身体器质性的问题，也不谈"天性"的问题，只从心理动因上来看，会有几个主要原因。

●孩子被吓到过，缺乏安全感

孩子在成长的过程中，会受到周围发生事件的各种影响，一些偶发的事件，有可能会带给孩子巨大的心理冲击。我遇到的一个小姑娘，小时候活泼胆大，去奶奶家的乡下过年，几天就成了当地小孩子们的"孩子王"，那小小的身躯内似乎饱满着无限的能量。但在她3岁的时候，爷爷去世，奶奶抱着3岁的小孙女让孩子好好看看爷爷的仪容，并很言辞激烈地告诉孩子"好好看看你爷爷！你以后再也没有爷爷了"，本来平静好奇的孩子，"哇"地一下子大哭不止。再回到父母身边，这孩子就变得内向了，并且胆小得出奇，不敢一个人待着，哪怕妈妈去个卫生间，她也要跟着，黏人到一刻不能离人。这是一个典型的应激障碍，没有及时得到处理，孩子就会将这种恐惧带到她的任何生活环境中。

另外，在我们传统的养育方式中，为了让孩子不哭不闹、安静听话或乖巧一些，家长——尤其是老人，会习惯性地用"再不睡，让大老虎把你带走！……""再哭警察就要来抓你了……"这样的语言吓唬孩子，孩子要么被吓哭，要么变得好像很乖巧，实际上却把恐惧埋藏到了心里。

上述情况如果已经发生过了，那么，孩子的父母要注意不要为此争吵，从而引发更大的家庭代际冲突。而是要及时觉察孩子的情绪和表现，发现孩子胆小了的时候，可以蹲下来，拥抱着那个小小的身躯，用温柔而坚定的语气安慰孩子"没事的！有妈妈/爸爸在，谁都不敢来欺负你"然后亲一下孩子，和孩子相视一笑。

这样做的好处，是让孩子觉得自己是被接纳的，被爱的，有一个强大的后盾作支持的，在父母那里是可以获得安全感的。

● 父母的高标准、严要求，会把孩子"限制"住

家长的人格特质、能力、性格各不相同，千差万别。假如你是一个能力很强、学历很高、聪明有能力的家长，那么你要小心了。无意中，你会把自己的优势和强势展现在你生活和工作的许多方面。如果只是展现你自

己，那没关系；但如果你用你作为大人的优势去"压倒"孩子——比如有的家长常用"你怎么这么笨，这个都不会""你这么这么怂，这个都不敢""男生怎么能这么胆小"等话语，那么，你的孩子就会被"催眠"，也许真的像你说的那样去发展了。

有的家长会说："可是我小时候就根本不这么胆小，我从来不怕和人交往、很大方啊！"我们要知道，在孩子还没有能力去应对各种人与事的时候，如果你没有教他，没有"传帮带"他，他要从哪里学会呢？孩子在父母一次次高标准、严要求中，始终怕做不好、不能让父母满意，不知所措又不敢请教，慢慢就"胆小内向"了。

话术

孩子胆小内向：

● 没事的！有妈妈/爸爸在，谁都不敢来欺负你！

● 没关系的，不会（不敢/做不好）是很正常的，爸爸（妈妈）像你这么大的时候也会这样，多做几次就好了。

心理小知识

孩子的安全感主要来自父母，尤其是母亲。在孩子心里，有力量的妈妈胜于一切"武器"。

孩子在外和小朋友发生冲突：
家长学会适当放手，才能给孩子更好的成长空间

　　孩子和小朋友发生冲突，有两种情况。一种是和常在一起玩儿的"老朋友"发生了冲突，家长之间要么彼此认识，要么见面眼熟。还有一种是在公园、游乐场等公共场所，孩子在游戏过程中发生了冲突，双方家长互不相识，只因共同在此陪孩子。

● 理直气平，不要让孩子之间的矛盾升级为大人之间的冲突

　　在公共场所的冲突，一般是双方不小心发生了碰撞和争执，有的孩子以大欺小，不让弱小的孩子好好玩耍。作为强大一些的孩子的家长，这时是需要干预制止的。孩子在3岁以后，家长就应该开始教他

公共场所的一些规则，并且在面对新的场合时，需要不断地告知、提醒。这样，孩子才能慢慢形成社会规范的概念。

作为被"欺负"的孩子的家长，要保障孩子身体安全。有危险，家长赶快抱开或领走孩子；如果没有危险，家长最好先观察他自己是如何处理的，这是孩子内心成长的良好机会。孩子如果尝试自己应对，家长可以静静地观察，必要时给予一个微笑以资鼓励。如果孩子用"求助"的眼光看向大人，大人依旧可以静静地看着孩子的眼睛，给予一个微笑。

如果冲突扩大，两个孩子打起来了，家长要及时劝阻，千万不要对自己的孩子厉声呵斥"给人家道歉"，更不要得理不让人，让孩子之间的矛盾升级为大人之间的冲突。

"理直气平"，这里借中国台湾洪兰教授一本书的书名，给大家一个建议。

●适当放手，给孩子更好的成长空间

孩子和熟悉的小朋友之间发生的冲突，多是游戏中的冲突。家长在保证身体安全的基础上，对孩子之间的矛盾尽量"睁一只眼闭一只眼"，让孩子自己去解决。家长可以暗中观察孩子解决问题的方式，不到万不得已，不要出手相助。

这让我想起一个场景。

一个7岁的男孩，我在他家正和他父母及其他人在谈事情。孩子开门进来，脸上有泪痕，手上有土。孩子爸爸看见了，马上起身询问

"哟！儿子怎么了"，男孩吸了一下鼻涕回答"××抢我的车（玩具车），我推了他，他就把我推倒了，还打我"。

听到这里，假如你是孩子的家长，你会怎么做呢？

这个爸爸听了，扭头对我们说"你们先聊着，我陪陪我儿子"，然后就带孩子去洗手间了。出于职业的本能，我把耳朵从大家的讨论中"转移"到那父子的谈话中。只听父亲问"疼吗""那你打算怎么办？还下去玩儿吗""好吧，既然你觉得还可以下去玩儿，那就去吧。只是，和小朋友相处要友好"……"你是男孩子，劲儿大，小心别伤着小朋友"……声音断断续续，我听了个大概，暗自感叹这父亲很有水平。不一会，父子出来了，孩子表情轻松，乍着双手舞动着，那手是干净的，又开门出去玩儿了。

在这里面各位听出名堂了吗？我没听到质问"怎么回事"，没听到斥责，没听到大呼小叫，没听到批评教育，只听到了关心，听到了对孩子想法的询问，听到了亲切的嘱咐，听到了让孩子"别伤到别人"。

这个年龄段的孩子，本来都很有自己的想法，他们的独立意识也开始"长大"，孩子的能力也如身高体重一样，随着年龄的增长，出乎家长意料地迅速"长大"。而有些家长只看到孩子的身体在成长，却忽略了孩子的知识、能力、意识、情感、思维、思想等都在成长。

如果我们做家长的，每次都替孩子出头、做主、拿主意，那么孩子可以自主的那部分功能就被"废掉了"，你不让孩子"自主"，让他自己去处理，孩子慢慢就会养成依赖的习惯。等到再长大一些，孩子其他成长性和适应性的问题就会出现，比如不学习、不写作业、考试焦虑，甚至在升学的关键时刻生病等。

家长学会适当放手，才能给孩子更好的成长空间。

话术

孩子在外和小朋友发生冲突：

● 疼吗？

● 你打算怎么办？

● 和小朋友相处要友好。

心理小知识

儿童期是一个人社会认知发展的重要阶段。现代社会，规则遍布我们生活的各个角落，它无处不在。规则不仅不会限制孩子的发展，还会给孩子带来安全的发展。在大自然中，河床规范水流，才得以形成江河，才不会肆意泛滥。道路规范行人车辆，才不会横冲直撞，规则和规范在限制人们行为的同时，又给人们带来安全感。对规则的认知是儿童期孩子的必要功课。

孩子和小朋友在一起总是落单：
允许孩子可以在"圈"外观望和犹豫

　　孩子和其他小朋友在一起总是落单，这种情况许多家庭都有，它不是个别现象，而是和整个社会环境有关系的。家庭单位的缩小、邻里关系的疏远与隔离、安全因素、文化变迁等，都会在人际交往模式上对家庭和孩子产生影响。

　　孩子的世界，也是一个小社会，分分合合是家常便饭，但家长不要把"总是"二字挂嘴边。一旦孩子陷入家长"总是怎样的"谶语中，孩子就会顺着家长的评价变成那个样子了，这在心理学中被称为"投射"。

　　遇到孩子和其他小朋友在一起经常落单的情形，家长不一定要急着鼓励孩子和小朋友一起玩儿，而是应该好好想想孩子为什么会落单。

假如是孩子年龄小，游戏节奏跟不上大一些的孩子，那么，不必惊慌，这是正常现象，家长可以靠近一些守候等待，当孩子看向你时你也投向他一个淡淡的微笑。孩子的落单，有时候孩子是不觉得的，而是大人的担心，是大人把自己对孤单的恐惧转移到了孩子身上。或许，孩子只是在旁边观察、模仿和学习呢。如果家长可以淡定些，孩子就不会觉得有什么不妥。现在，世界的嘈杂多于安静，从小学会享受安静的世界，也是难得的修养。

当然，也有的孩子真的就是怕和其他小朋友接触，处在被动、落单、不敢靠近群体的行为。那么，这个就要寻找一下其中的原因了。

●陪伴孩子的大人自己可能就不合群

我见过一些祖父母带孩子在小区花园玩的时候，总是距离其他带孩子的群体很远。有的祖父母看到小孩子去找其他小朋友玩儿，还会把孩子喊走，不论孩子多么不情愿，也硬要把孩子从人群中脱离出去。大人不合群，带着孩子远离群体，孩子渐渐也就不会融入群体中。

这个时候，作为孩子的父母不能去责备孩子的祖父母，而是可以和孩子交谈"今天你们在外面玩儿得怎么样啊"由此来引出孩子在外面的感受。最好不要问"今天你和哪个小朋友玩儿了"或者"今天你交了几个朋友"这样的问话，都容易让孩子把与其他小朋友的结交看成了任务，久而久之，孩子反而不会真心地结交朋友了。

● 家长"过分"鼓励，孩子反而会逆反

家长过于鼓励孩子交朋友，多数时候，会在潜台词中"批评"孩子不会交朋友，让孩子觉得自己在交朋友这件事上在家长心目当中很无能。孩子内心受挫，行为上就会反其道而行之——"你让我交朋友，我偏不"。每一个孩子如果没有父母、家人的评价，他们会觉得自己做得都很不错，而正是有了家长的评价，尤其是为孩子树立"谁家孩子怎样怎样"的榜样，孩子的自尊心受到打击，他就会本能地反抗。反抗不能表达出来，就会在心里积攒成逆反情绪。

如果这种情况已经发生了，孩子已经是很孤单的了，那就随他去，家长要做到不闻不问，让孩子保留一个自己的心灵空间。

如果你一定要说些什么，可以在适当的时候，语气温和地说"好像你是很享受一个人的状态，独处的感觉是不是很好呢"，也可以再说"有没有谁值得你和他一起玩儿呢"。注意表达，是他人值不值得你，而不是你值不值得他人，这样，孩子的自尊就慢慢回来了。之后，或许有一天，孩子会说："妈妈（爸爸）没有谁值得不值得的，只有我们合不合得来。"到那一天，你可以笑着说"哇哦，我的孩子真的长大了呢，你说的话很对，大家是平等的"。

● 发现孩子交友受挫，家长要带孩子回到有自信的环境中

孩子在和小朋友的游戏或交往中，会经历各种各样的"挫折"，如被拒绝、被嘲笑、被催促、被攀比等。还或许孩子有某些方面的缺陷，从而遭到小朋友的嫌弃。

我曾经接触过一个男孩子，因为在他3岁之前，妈妈都忙于工作，把孩子放在姥姥身边，疏忽了孩子的成长，及至孩子3～4岁了，才发现孩子不太会说话，吐字模糊。这才急忙四处求医。最令这个母亲伤心的情况是，孩子自从上了幼儿园，变得沉默寡言、情绪低落。有一次这个妈妈去接孩子放学，发现自己的儿子被几个小姑娘围着，你一言我一语、连说带比划地斥责。妈妈连忙走过去，一个小姑娘说："阿姨，我们不喜欢他，他说话都说不清……"这个妈妈当时的心情可想而知。这个孩子智力没问题，并且在某些方面的测试分数还是超高的，比如逻辑思维能力。但就是因为言语的问题，孩子屡屡受挫，导致孩子的社交退缩。

当家长发现孩子有可能因为这些问题，而导致和小朋友在一起落单的时候，可以找一些理由，比如"一起去买菜""该回家吃饭了"等，先把孩子带离这个场所，并且不要去询问孩子，只需让孩子回到他能够自在并有自信的环境，这需要家长的细心和忍耐心。有一本书名为《窗边的小豆豆》，里面的妈妈就有足够的忍耐心，而不把孩子的遭遇当成自己的受挫。一个强大的母亲，会给孩子带来足够的心理能量。

不是所有的孩子群都一定要让孩子融入。小溪进不了这条河流，还有其他的河流等待着它。

●孩子的世界也是一个小社会，每个角色都有他的用处

有的孩子在家庭成长的过程中，由于家里大人的溺爱，形成了控

制欲强的性格。但是到了外面和小朋友交往的过程中，他的控制欲施展不了，有可能还会受到反击。这个时候，家长不要讽刺孩子"兔子扛洋枪——窝里横"，可以这样和孩子聊一聊——"他们都不听你的，我理解你的感受，只是你知道吗？你是咱们家里的'司令'，其他小朋友也是他们自己的'司令'，大家都是'司令'，谁也不会听谁的，就没有办法合作。你看你能选一个其他的角色吗？咱们可以讨论一下不同角色是怎样的"。这样既帮助孩子学习切身理解他人，又可以训练孩子接受不同的社会角色。孩子的世界也是一个小社会，有社会有"江湖"的地方，就有不同的角色，而每个角色都有其与众不同的地方，都有其用处。

还有一些小孩，是喜欢追求完美的孩子，他们容易在和小朋友相处的过程中挑其他小朋友的毛病或者处处否定他人。这样小朋友们就会离他远去。如果家长发现是这样的情况，就要问问自己是不是一个追求完美，对孩子要求过高、监督过紧的人，使得孩子不能以平常心和他人交往。

总之，社会化是成长的需要，是人类的本能。但人既需要社会化的交往，也需要学会安然独处。孩子阶段性的社交退缩，一定有它的原因，家长不必过分担心，更不要批评，也无须强行"鼓励"。只需要陪伴孩子度过他的不适应期，允许孩子可以在"圈"外观望和犹豫，孩子自己内心的小世界会告诉他怎样做。

作为家长，要学着淡定、淡定、再淡定一些！

孩子和小朋友在一起总是落单：

话

术

● 今天你们在外面玩儿得怎么样啊？

● 有没有谁值得你和他一起玩儿呢？或者有没有谁是你愿意和他一起玩儿的呢？

● 你可以试试看和哪个小朋友在一起玩儿得比较舒服。

心理小知识

　　独处，对于个人自我成长是有非常重要的意义的。不被打扰的独处，可以让孩子的内心宁静，可以达到身心统一，可以开发出想象力和创造力，可以培养孩子的专注能力和探索能力，还可以培养孩子独立解决问题的能力。家长要适时观察：当孩子很专注于自己事情的时候，家长不要贸然打扰；当孩子呼唤大人的时候，我们要及时回应。这样，孩子在安全感足够的条件下，可以安心地独处。

孩子跟朋友一起谈论别的小朋友不好的事：

"八卦"也是发展友谊的一种方式

中国有句老话"谁人背后无人说，谁人背后不说人"，只是看你怎么说。

谈及别人的"八卦"，似乎是我们人类的共性。不分男女老幼，不分国籍人种。除了个别修养很高的人之外，几乎没有谁不曾谈论别人的短长。

● "八卦"也是孩子们发展友谊的一种方式

"八卦"是有其"神奇"作用的。

如果我们说谁不好，可以在其中体会自己好的方面。我们在谈论别人的同时，会暗中对比自己，也会"点拨"他人看到自己的好——

"你看，我就不是这样的，我是在这方面做得很好的"等，在其中找到自信。

孩子只有在"我比谁谁谁更好"的自我意象之下，才可以找到"自己还不错"的感觉。同时，在和其他同学谈论某个同学不好的时候，才可以表达自己观点和立场，并且和这个同学更容易达成共识。在和其他人一起谈论某个人不好，才可以更清晰地表达自己的立场和属性，才可以和大家一起结成"盟友"，只有在出现对立面或者"敌人"的同时，大家才可以找到"结盟"的目标和动力。

当家长听到孩子在和朋友聊天时，谈及其他小朋友的不好，就知道，孩子其实是在和朋友寻找共同的属性，以便达成共识，更好地发展友谊。

只不过，这样结成的友谊是很脆弱的，一旦发现自己和这个朋友在某些立场不一样时，会遭受打击。并且，假如他们谈论的对象，又与其中一个人因某些机缘而结成好友，那么另外一起谈论这个同学的其他人，就会担心自己是否被"出卖"，而造成另外的矛盾或冲突。

"八卦"的作用还体现在，在谈及别人的同时纾解自己的郁闷。人在成长的过程中遇到各种各样的不愉快，孩子更会在成长过程中遇到许多困惑，比如觉得自己的一些行为和想法不正常，觉得自己和某人的不愉快是自己的错等，比如看到某个同学的做法自己不接受等。只有偶然和朋友谈起这些，然后对方"我也有这种想法""我也觉得那谁谁怎样怎样"等，孩子才会如释重负，把自己从恐慌中解放出来。而这些，家长往往是不知情的。我在做家庭咨询时，遇到一些孩子讲起自己的这些"小秘密"时，家长是很震惊的。

通常，孩子在谈论别的小朋友不好的事情，家长担心"孩子是不是会变得很是非""万一孩子卷入是非中会有不好的后果"等。这个时候，家长可以评估事情的性质，然后和孩子一起分析，给孩子一个正向的引导也是必要的。但要注意措辞和语气，因为，现在的孩子更敏感、懂得更多、眼界更宽，甚至成熟得更早。他们会更在意父母和他们是否在平等对话。

●和孩子最好的谈话方式是，使用问句

家长在发现孩子跟熟悉的朋友聊天时，谈论别的小朋友不好的事情，先不要急于干预，可以多听听孩子们在谈论什么。

等到孩子和他朋友聊天结束，再单独和孩子聊一聊。可以说"我刚才听到你们在谈论××（孩子同学的名字）同学的事，发生了什么，让你们这样谈论他呢"。

孩子如果和你分享了他的事情，家长也不要急于发表看法和意见。

和孩子最好的谈话方式是，使用问句。可以在问句的前面加上"我很好奇"或者"我不太明白"或者"这个地方你是怎么想的"等。

问话的好处是，你不知道就不会贸然评论，问话还可以帮助孩子澄清一些细节，问话可以促进孩子自己思考、锻炼思维。问话可以表达父母对孩子的关注，建立更和谐的亲子关系。

这里分享一个我的学生和她孩子对话的片段。

一个小学男生，妈妈听到这个孩子在电话中说某个同学"傻

瓜"，妈妈很震惊，特别想冲过去制止孩子。但转念一想，这样会吓着孩子，也怕孩子会和自己发生冲突。于是想到了我在上课时讲的沟通技巧。

等到孩子打完电话，从自己的房间出来，这个妈妈看到孩子洋洋得意的样子就问"我刚听到你在打电话，但没听到你说的什么，但看你现在这么开心，我很好奇，要不要给我分享一下啊"。

孩子愣了一下，莞尔一笑，然后扬了扬头，转身去翻冰箱了。

这个妈妈想，我不能追问，我要等他自己告诉我，那时候我就占主动了。

孩子从冰箱里拿了冰棍出来，妈妈抓住时机说"诶？你高兴了，给自己拿了冰棍儿，那我也想和你一样高兴啊，你是不是也给我一根冰棍"，于是孩子给妈妈也拿了一根儿，递过来。妈妈说"嗯，咱俩一起吃冰棍儿的感觉真好，这么开心的时候，你要不要再把你刚才的开心分享给妈妈，咱们更开心呢"。说的时候，这个妈妈没有关切地盯着孩子，而是眼睛望着窗外，一边美美地唆着冰棍一边晃动着身子。

这个肢体语言让孩子很放松，于是把刚才和小朋友说的另外一个同学的事情给妈妈讲着。妈妈依旧保持着这个身体的姿态和动作，一边听一边点头，伴随着"哦！这样啊！原来你们是这么以为的。但你们的以为有没有得到证实呢""哦？你们这样讲，要是让他知道了，你觉得他会怎样"，妈妈采用问话的方式，让孩子在陈述中思考。

"后来，我就坐正了，和他讲了一些道理"，这个妈妈告诉我。她对孩子说"嗯，你们觉得他是这样的人，所以才会这么说他。但有时候，我们并不知道背后的真相，你们其实可以多了解一些再下结论。而且，你的用词，我不希望有脏字，那样会让人感觉不好，一个人的修养就体现在用文明和文雅的词上，你可以做到吗"。

佛语讲"静能生慧，静能生智"。当父母可以沉住气，静下来倾听孩子的话，便会知道如何陪伴孩子成长了。

话术

孩子跟朋友一起谈论别的小朋友不好的事：

● 我刚才听到你们在谈论××（孩子同学的名字）同学的事，发生了什么，让你们这样谈论他呢？

心理小知识

心理学中可以用"镜像自我"来解释人类这种"八卦"的行为。"镜像"就是像照镜子一样。"镜像自我"指从别人眼中反照出自我形象，自己的人格品质，认知特点以及社会、经济、政治地位等，不仅可以通过自省来加以认识，而且可以通过与他人交往，从他人对自己的看法、态度来加以认识。俗话说："要了解自己，别人就是一面镜子。"反之亦然。

孩子觉得交不到真心朋友：

有时候，孩子并不是真想要得到大人的帮助

前面的文章讲过，同伴关系是儿童在交往过程中建立和发展起来的一种儿童之间的人际关系。

从发展心理学角度讲，小孩子在3岁左右的时候，偏爱同性别伙伴。在3～4岁时，小孩儿依恋同伴的强度以及建立起友谊的同伴数量有明显增长。

幼儿的友谊多半建立在地理位置接近的小伙伴，比如邻居；或者关系接近，比如来往较多的亲戚的孩子、父母同事的孩子或朋友的孩子。

●教会孩子理解和尊重他人，建立相互支持的情感模式

某车友会，车友们的孩子每个月都随父母参加一两次的聚会，孩子们会在其中选择发展友谊的伙伴，孩子在喜爱共同的活动，或拥有有趣的玩具的基础上，很容易建立友谊，也很容易让关系破裂。有家长问，孩子以为某个小朋友是自己最好的知心朋友，突然一天发现这个小朋友并不是自己心目中的那样，形象破灭，便对友谊产生怀疑；或者与周边环境格格不入，一直找不到好朋友，尤其是长大后，这样的问题可能一直带着。家长怎么帮助孩子呢？

这时候，家长要带领孩子度过这个"情感挫折期"，和孩子分析交友的初衷是看中了对方的什么品质，孩子为什么那么在乎朋友。家长要帮助孩子了解更多的人格特质、性格色彩和做事风格，让孩子了解每个人都会有自己的特质，教会孩子理解和尊重他人，教会孩子可以建立相互支持、相互帮助的情感模式等。

孩子在上小学的阶段，家长就可以鼓励他看课外书（纯文字的那种），鼓励孩子在读书的过程中随时和父母探讨其中的内容，让孩子从书中获得对人生的更多理解。

●有时候，孩子并不是真想要得到大人的帮助

相关数据统计，影响儿童、青少年选择朋友的因素大约分为4种类型。

第一，相互接近。幼儿阶段多以这类因素结交朋友，其所占比率为50%，而小学低年级占30%左右。

第二，行为、品质、学习成绩和兴趣相近。这一类，小学所占人数为50%～65%，尤以二、三年级最多。

第三，人格尊重并相互敬慕。小学低、中年级约占20%，小学高年级占35%，初中和高中增到40%～60%。

第四，人际交往中的协同关系。小学儿童约占10%，中学生约占15%，其后随年龄增长而逐渐增多。

孩子的友谊世界，是"分分合合"的，也是"晴雨交替"的，这是孩子在幼儿和童年期心理发展的特点，家长不必过于干预。

有时候，孩子并不是真想要得到大人的帮助，他只是想在自己不知道如何应对，家长只需耐心倾听，并表示接受孩子的困惑，理解孩子的苦恼就好了。

我在咨询中，有的孩子就表示"我只是想跟妈妈你说一说，并没有想听你教育我"，于是妈妈很困惑地问孩子"那你为什么要告诉我"，孩子说"我只是想找个人说说，我又不能去和陌生人说吧"。不少孩子表示"妈妈你听着就好了，我说完了就舒服了"。

现在的孩子由于很少有年龄相近的兄弟姐妹，他们本该和同龄人讲的话，却没有亲密安全的对象，他最可信的对话对象只有父母，即使有二胎的家庭，大孩子与二孩的年龄差距有时很大，他还是无法去和弟弟妹妹讲这些。所以，孩子只有选择和父母去讲自己的友谊困境。家长在这里，更多在扮演一个"听筒"的角色，孩子有可能自己说着说着，心结就解开了。

孩子觉得交不到真心朋友：

话
术

- 你可以试着多和小朋友交流交流，看看能不能有合得来的地方，然后和妈妈分享一下。

- 每个人都有自己的特点，妈妈很欣赏你的……，你也可以找找看你喜欢的小朋友的独特之处。

心理小知识

海德格尔说："人是在回应语言的意义上讲话。这一回应就是倾听。"倾听的本质是悦纳。倾听的关键是"倾"，蕴含着积极、主动、关注和爱。"倾听"不是普通的"听到"，而是需要专注地听、用心地听、不带主观评判地听、有回应地听。

父母用心尊重并倾听孩子的心声，孩子讲话的时候被父母重视和尊重，孩子觉得自己说的话是父母愿意听的，孩子可以更加自尊自信；孩子会学着父母的样子，倾听同龄人说话，更容易获得友谊和别人的好感。

孩子交友被拒绝:
对孩子更有影响的是家长的态度

交友是顺其自然的事情，大人交友尚有志趣相投、情投意合、志同道合的原则，孩子也同样。孩子有天性的特质、有各自的喜好，他们也会去寻找自己觉得有眼缘的小朋友去交往，再者，孩子在幼儿期的友谊多半建立在地理位置接近，比如邻居、常来常往的两家人，孩子喜爱共同的活动或拥有同样有趣的玩具。建立在这样基础上的友谊，来得快，去得也快。所以幼儿的友谊很容易建立，也很容易破裂。孩子不觉得这样有什么不对或不好，反而是家长容易焦虑。这类现象属于正常现象，家长不必太过在意。家长的过分在意，反而造成孩子的人际恐慌。

童年期的儿童，影响他们交友的主要因素中，因相互接近的占30%左右。而幼儿中多以这类因素结交朋友的，其所占比率为50%。因行为、品质、学习成绩和兴趣相近的，小学生所占人数是50%～65%，尤以二、三年级最多。而因人格尊重并相互敬慕的，小学低、中年级约占20%，小学高年级占35%。因为人际交往中的协同关系而交友的，小学儿童约占10%，中学生约占15%，其后随年龄增长而逐渐增多。

●孩子会根据大人的态度判断事情的好坏

　　孩子交友被拒，未必是家长自己家孩子的问题，或许对方的那个孩子不懂得如何交友，甚至不知道如何答应；也或许，对方的孩子，此时此刻不觉得这位家长的孩子是他想要交往的，等过一些时日，那个孩子有可能又会主动来找这位家长的孩子。只是看家长知道了以后，是怎样的态度，这很重要。

　　这里，有一个很好的案例。

　　洋洋是个五六岁的小女孩。洋洋的妈妈是学教育学的，对孩子的养育和教育非常用心，洋洋的身体成长和心理成长都非常健康，个头也比一般孩子高一些，性格也很大方开朗，显而易见孩子的安全感足够充足。孩子在游乐场所或课外兴趣班等地方，经常主动去和小朋友接近，但常常遇到对方小朋友的退却和不理睬，洋洋有时不知如何是好，有时也会沮丧。而洋洋的妈妈每次都很耐心地和孩子交流，"没关系的，可能那个小朋友觉得和你还不熟，你可以先自己玩儿。遇到和你喜欢玩一样游戏的小朋友，你们就可以很自然的交朋友了"。家长的耐心和包容，再加上从孩子角度的解读，孩子很快就释然了。

"有的时候，我看不是什么很大的事情，我就冲孩子微笑一下，做个耸肩的动作，孩子也就没事儿了。"洋洋妈妈这样对我说。

这样智慧的妈妈是不是给各位家长重要启示呢？

另有一个例子：

我家小区的小花园，每天下午都有很多孩子和大人，三五成群的。我从小就喜欢小孩，每次路过都会停留观看一会儿。一次，只见一个三四岁的小男孩儿去拉另一个更小一点儿的小男孩的手，那个更小一点儿的男孩儿一下就甩掉了对方的手。这个三四岁的小男孩愣了一下，哇地一声大哭出来，跑向了十米开外的母亲，一把抱住妈妈的腿哭得伤心。这个妈妈却推搡着孩子："哭什么哭！有什么好哭的！不就是人家不跟你玩儿吗？有什么可哭的！真没出息！"这个妈妈一边斥责着孩子，一边推搡着那小小的、哭声愈发大的孩子。我看不过去了，走过去一些，尽量小声对那个妈妈说："你蹲下来抱住他，安慰一下就好了。"

那个妈妈警惕地看了我一眼，声音小了一些，但仍在斥责着孩子。我赶忙知趣地走开，走出三四十米远的时候，回头正好看见那个妈妈蹲下来，抱住孩子的肩膀，本来仍旧大哭不止的孩子，一下子安静了。

"好神奇！"我偷偷微笑了。

可见，孩子对于小朋友的拒绝大部分会觉得没什么大不了，如果大人不去管他，这样的事情孩子自己也会过去，他会根据大人的态度判断事情的好坏。对孩子更起作用的是家长的态度，尤其是妈妈的态度，因为在育儿亲子的过程中，做母亲的比起做父亲的有更多担心、更多焦虑、更多期待。

话术

孩子交友被拒绝：

● 他不和你玩，你是不是很不开心呢？你能和妈妈说说你是怎么和他说的吗？

● 他不和你玩一定有他的理由，你可以问问他为什么不让你和他一起玩儿啊？

心理小知识

家长的过多干涉，会影响孩子的交友。但要看家长是如何干涉或者说干预的。及时而正向的引导，是从小培养孩子社交能力的预先干预，可以通过动画片、漫画书来进行教育引导。但有一点需要注意，就是不需要在孩子自己可以独处的时候打断孩子、去鼓动孩子交朋友。

孩子不肯分享玩具：
家长可以做"支持型的旁观者"

记得我儿子小的时候，有一次，小朋友看上了他的几辆四驱车，但他不愿意给小朋友拿走玩儿。我当时就觉得孩子的行为让我很没面子，觉得不给人家孩子玩儿就是小气，于是就批评孩子。结果孩子很委屈地说："为什么我的就要给他，可他从来也不给我他的玩具呀，他的妈妈可以给他买呀！"后来，有一天他的这一大盒子四驱车忘在楼下，回家想起来再下楼，已经不见了，为此，孩子难过了很长时间。

孩子不肯分享玩具，我们不能单纯地认为是自己家孩子有问题。而要看具体的情况是怎样的。

比如我自己这个例子，我觉得孩子说的话有道理。为什么我们要把自己的东西分享给别人呢？是人家要吗？如果是人家来要，我们就要给，是我们觉得不给就不大方、就小气吗？如果不是人家要，而是我们觉得自己有，不给人家不好意思，那么是不是也是看不起人家，在炫耀自己有呢？

所以，当我们想着要分享，而没有一个必须分享的理由的情况下，其实，是我们的人际界限不清晰。

我们希望和他人的边界相互交叉，这样可以在我们自己需要帮助的时候，对方也同样给予我们帮助。但这里有一个风险——我们的付出，未必会换来同等的回报，那个时候，我们会觉得委屈。

●家长可以做一个"支持型的旁观者"

当孩子不愿分享玩具的时候，我们可以问问孩子"你不和小朋友分享你的玩具，一定有你的理由，可以告诉我吗"。

孩子的理由无论听起来多么牵强、多么不合理，家长都要站在自己孩子一边，但也不要伤及对方的孩子。家长可以做一个"支持型的旁观者"。所谓"支持"，是指支持孩子自己去和小朋友沟通、协商，鼓励孩子自己张嘴去讲话，鼓励孩子自己表达想法，而不是通过家长代言的方式。"旁观者"指的是家长不卷入孩子的世界，而是站在旁边让孩子自己解决问题，与对方小朋友达成一致。

家长可以对孩子说"哦，原来你是这样想的，那你看看怎么和小朋友把你的意思讲出来好吗？我相信你能讲清楚的"。然后，可以做一个鼓励的动作，比如和孩子击掌，或者拍一下孩子的小肩膀，或者做个加油的动作。如果孩子有些胆怯，可以再补充一句"我就在你身边陪着，放心大胆地去和小朋友讲吧"。

家长切记不可把孩子"不愿和小朋友分享玩具"这件事上升到道德层面。

幼儿期的孩子或儿童期的孩子，在道德发展的初期阶段，家长要以正向的评价去看待孩子的行为，孩子一定有他自己觉得合理的理由，家长可以引导孩子树立正确的观念，但一定要给予孩子正向的道德肯定。如果给予孩子道德上的批评，孩子会承受不了这样严重的心理打击，会自责，会认为自己很"坏"，这样，反而会把孩子推向"攻击行为"和"侵犯行为"上去。

孩子不肯分享玩具：

话术

● 他想要你的玩具，你不想给他，假如你想要他的玩具，希望他给你吗？

● 你也不喜欢别人不给你玩儿是吧？那我们就学会分享。大家可以相互交流，是不是很开心啊？

● 哦，他有一次也不给你玩儿他的玩具，是不是他那时候有自己的理由呢？不管怎样，咱们可以大度地原谅他吗？

心理小知识

随着自我意识的发展，儿童自主欲求也逐渐提高。从对母亲的全面依赖状态，向一定程度的自立状态发展，对父母的帮助、指示、禁止总要用"不"来反抗。这也是第一反抗期的出现，这个时候家长切忌强硬地要求孩子做什么，而是要尊重孩子的想法，试着理解孩子的需求。可以帮助孩子建立换位思考、交往礼仪、社会规范等意识。但切记要符合孩子的年龄阶段和认知的发展阶段。

孩子比较霸道，不肯与别人合作：

过度的控制，是因为怕失控

别动！
我自己来！

　　一般来讲，儿童期的孩子在和同龄人相处、玩耍的过程中，显得"霸道"的，是各方面能力比较强，自尊心也比较强的孩子。他们可以自己玩儿得很好，他们不需要合作就能达成自己想要的目标，他们可以享受一个人的独处，他们还能够统筹多人参与的活动，甚至有的孩子很具有指挥才能，他们不需要合作，只需要其他小朋友的跟从。他们甚至还可以招致一些年龄小、胆怯、能力不足的孩子来追随，但有一个条件，就是这些孩子得听他的。否则，就不允许某个孩子的加入。对于这类孩子，家长需要认可孩子的能力，从正向的角度加以引导，爱护孩子的自尊心和领导力。但也需要引导孩子尊重其他小朋友，尊重其他人的意愿和意见，让他学会看到别人的长处和优势。

同时，这样的孩子也很怕失败，怕在和其他小朋友交往的过程中暴露自己的缺点或不足，怕保不住面子。尤其是从小被夸"聪明""有能耐"的孩子，他们特别怕失去这样的评价，如果自己独处，不和人合作，就不会有"比较"的风险，也不会有被"评价"的风险。但不合作也会被批评或被指责，那么，更好的办法是态度的强硬，拿出"霸道"的姿态，先把他人镇住，就可以顺理成章地站在"制高点"上，要么听他的，要么他自己单独行动，以便完全保住一个"最好的自己"的自我意象。保住了自尊，也保住了自信。

面对这样的孩子，家长可以借此机会激发孩子的学习动力："你要想让别人听从你、要让别人服你，你就要懂更多、能力更强，那么，多读书、读好书、学习各种知识和技能，长见识，长本事，对人要大度、包容，尊重他人，这样才可以有资格带领其他同学和小朋友。"

另外，还有一类孩子，他们是不愿意和其他小朋友在一起玩儿的，他比较"独"，不愿意别人介入他的领域，不允许别人动他的东西，更不要谈和小朋友合作了。如果有小朋友介入和想加入和他一起玩，他会非常抵触，甚至哭闹。这类孩子就需要家长格外关注，这已经不属于"霸道"了，而是"人际回避"，这个孩子很可能在心理上出现了问题，需要家长及时寻求专业人士的帮助。

●在孩子"霸道"这件事上，家长也有份

"霸道"是一种控制。控制他人、控制他所能触及的事物与环境。而过度的控制，反而是怕失控。这也是心理防御机制在起作用。心理防御机制的目的是不让自己的那个"小心灵"受伤，是为了让自己觉

得自己还不错，还可以。心理防御机制会随着年龄的增长不断地变化和升级，直至升华。

比如很小的孩子藏猫猫只是把自己的脸遮上就觉得可以了，而上幼儿园的孩子就知道把自己藏在别人找不到的隐蔽地方。那么人在心理上也会有和自己、和他人藏猫猫。把自己觉得不愿面对的、也不愿示人的心理感受藏起来；或带上一个"假面"，把真实的自己隐藏起来。

心理学家甚至总结出101种心理防御机制。包含了人们在日常中几乎所有保护自己心理感受的方法。心理防御机制也分为低级的和高级的。有的人终其一生，都会活在一个"架"起来的自己中，不能面对真实的自我。

防御机制是在我们早期的经历下逐渐形成的。"霸道"是怕失控，而失控，多数是因曾经失去过控制或被控制得很难受，甚至于很痛苦，才会不想要再体验那样的感受，才会想办法让自己更好地脱离曾经的经历和经验带来的被动境地。怕失去控制，怕被别人控制，所以他要以比控制他的人更强烈的姿态，才可以获得控制权。而控制与失控的体验，从人一出生就开始体会到了。

所以，在孩子"霸道"这件事上，家长也有份。家长更可以反思一下自己和孩子的互动中，是否过于展现控制的一面，以至于孩子在家里面没有施展控制的地方，转而他要在和小朋友的交往中，控制自己和小朋友的距离。

没有一个孩子不希望获得友谊，可是当孩子很怕失去自我的时候，他就害怕这个平等关系的友谊，怕自己"融化"在看不到自己的集体中。

当家长看到自己的孩子很"霸道"，不愿意和小朋友合作时，可以对孩子说"我看到你似乎不愿意和小朋友合作，可是我也知道小朋友们其实很想和你在一起。那么，可以告诉我，是什么东西不允许你和小朋友合作相处呢"，这个"什么东西"的"外化"表达，可以暗示把孩子本身和他的行为分开，从而把孩子从一个不合群的"自我设定"中解脱出来。

所有的孩子问题，几乎都是家庭关系带来的。对孩子的控制，多是因为父母的某一方觉得在两性关系中不愉快，又无法控制对方达到自己想要的关系模式，那么，就会把孩子作为实现自己控制的工具，也就容易促使孩子寻求自己实现控制的"突破口"。所以，希望我们做父母的，可以在婚姻中更好地修炼彼此的情感关系，若要爱，请好好爱，给予孩子一个充满爱与轻松的家庭环境。

孩子比较霸道，不肯与别人合作：

话

术

● 妈妈（爸爸）希望你能和小朋友友好相处，可以尊重别的小朋友的意见。

● 你是希望小朋友们都听你的吗？为什么这样希望呢？能讲讲吗？

心理小知识

　　心理防御机制，是心理学大师弗洛伊德提出的，是指个体面临挫折或冲突的紧张情境时，在其内部心理活动中具有的自觉或不自觉地解脱烦恼，减轻内心不安，以恢复心理平衡与稳定的一种适应性倾向。心理防御机制的积极意义在于能够使主体在遭受困难与挫折后减轻或免除精神压力，恢复心理平衡，甚至激发主体的主观能动性，激励主体以顽强的毅力克服困难，战胜挫折。消极的意义在于使主体可能因压力的缓解而自足，或出现退缩甚至恐惧而导致心理疾病。

小朋友对异性同学说"我爱你"：
5～7岁，孩子会展开"婚姻敏感期"

教育史上一位杰出的幼儿教育思想家和改革家——意大利的蒙台梭利博士认为，儿童在早期发展阶段有几个"敏感期"。这些敏感期包括：空间敏感期、语言敏感期、认识和书写符号敏感期、阅读敏感期、性别敏感期、婚姻敏感期、身份确认敏感期、文化敏感期等。

大概4岁的时候，孩子最重视的就是谁是男孩谁是女孩。如果有人去洗手间，他们一定要跟着去，原因是想观察人家到底是男孩还是女孩，这就意味着孩子到了"性别敏感期"。5～7岁的时候，孩子便真正展开了"婚姻敏感期"，他们会"爱上"一个小伙伴，只给自己喜欢的小朋友分享好吃的东西和玩具，而且经常在一起玩，产生矛盾时也不愿意让其他人干预。总之，他们想拥有属于自己的空间。

心理学家塞尔曼在儿童友谊发展阶段中也有描述，4～9岁的儿童表现为，谁能满足他的需要，谁就是朋友；不重视朋友的意见，基本上按自己的心愿或想法行事；友谊的形成很快，也易结束。友谊处于"短期游戏伙伴关系阶段"到"单向帮助关系"。这时候的孩子在情感上没有完全发展到能够重视别人的感受，所以，孩子会根据自己的喜好来表达情感。比如说"我爱你，我想和你结婚"。

家长了解了儿童发展的心理规律，就自然可以放心了。孩子所说的"我爱你，我想和你结婚"并不是大人所想的"爱""结婚"。

那么，这个时候，家长可以怎么做呢？

忽略这件事或者淡化"结婚"这个概念。

如果你只是在一旁听到孩子对其他小朋友说"我爱你，我想和你结婚"，你可以当成没听见。你在心里了然，这是孩子在这个年龄阶段心理发展的正常现象。

如果孩子被拒绝，来找你求救，你可以蹲下来，抱着孩子的肩膀说："嗯，看来她没同意你的提议（请注意是"提议"），你伤心了（不是"很伤心"），你可以试试其他的提议，比如做好朋友、一起玩儿，你觉得怎么样？"

这样说的好处是淡化"结婚"这个概念，强调的是"一起玩儿"这个儿童期正常的活动概念。

●站在关注自己孩子的角度去回应

假如你的孩子自己告诉你"我今天和××说'我爱你，我想和你结婚'"了，你可以很好奇地问"哦？是吗？看来你很喜欢和他（她）

一起玩儿啊"。

这个回应是站在关注自己孩子欢喜与否的角度上的。

不要问"哦？她（他）答应了吗"或者"你为什么想要和她（他）结婚啊"，这个问法是关注孩子本身之外事情的，不是关注到孩子本身感受的。

当然，还会有其他的情形，是我们预测不了的。但无论是什么样的情形。家长只需知道孩子世界的"爱"是单纯的，若是出现复杂的情形，家长需要审视一下自身的做法。孩子在任何阶段都需要家长的包容和淡定的处理方式。

话术

小朋友对异性同学说"我爱你"：

● 看来你很喜欢和他（她）一起玩儿啊。

● 你可以试试其他的提议，比如做好朋友、一起玩儿，你觉得怎么样？

心理小知识

友谊是同伴关系的高级形式。童年期的儿童非常重视友谊关系。友谊为儿童提供了社会交往中的相互支持、情感上的共鸣、解决问题和困难的力量、增加快乐和兴趣等。童年期的友谊会为以后发展良好的人际关系奠定基础。

孩子"早恋"：
在原生家庭中的情感需求没有得到满足

对于更大一些的孩子，大人们就会将孩子之间亲近一些的表现和"恋爱"的概念联系得更多一点。比如小学五六年级，孩子正处于青春期的早期，对性别的意识较为清晰了，并且随着现代社会食品安全、媒体传播等因素的影响，许多孩子在性征上表现出早熟的现象，心理表现也趋于早熟。加之学校、家长和社会的广泛强调孩子"早恋"的现象，无一不在加深孩子对"早恋"二字的好奇。

家长对于孩子的"早恋"，可以先从下面几个问题入手思考：

1.你是如何知道孩子"早恋"的呢？是孩子告诉你的，还是从其他人那里获悉的呢？

2.你知道孩子如何解释他们的关系吗？孩子自己认为这是"早恋"吗？

3.你了解的你孩子"早恋"的表现是什么？你如何断定孩子的表现属于"早恋"呢？

4.你了解孩子为什么会与另一个孩子"早恋"吗？孩子喜欢的是对方的什么呢？

5.孩子"早恋"对象的家长知道吗？他们的态度是什么呢？

6.还有谁知道这件事情？他们的言论是否对你有影响呢？

7.你知道孩子他们想（是）如何去"恋"（的）吗?

8.你了解"恋爱"给孩子带来的好处是什么吗? 这其中有哪些是应该家长给予而没有做到的呢?

9.你知道你的孩子期待父母如何对待他的"早恋"吗?

随着对上述问题的思考，或许有些家长对孩子"早恋"的事情有了新的认识。

● 部分孩子的"早恋"，是因为在原生家庭中的情感需求没有得到满足

爱恋，是人类共有的情感。其科学的定义是"一种人与人之间的情感行为，现代定义为无论性别的两个人基于一定条件和共同恋爱的人生理想，在各自内心形成的对对方最真挚的仰慕，并渴望对方成为自己终身伴侣最强烈、最稳定、最专一的感情"。

所谓小学阶段孩子的"恋爱"，还不能用成人恋爱的定义去解读。

部分孩子的"早恋"，是因为原生家庭中的情感需求没有得到满足，比如安全感、依恋、信任、认可等。孩子想从父母那里得到的情感满足，父母没有给到他，那么在潜意识中，他会去接近那个他觉得像是他所寻找的情感来源。

有一个男孩子，从他半岁不到，就被送到爷爷奶奶家里抚养，父母则在另一个城市努力工作。父母觉得自己的安排很安全和周到，爷爷奶奶也尽心尽力，可是这个男孩突然在初一的时候向父母宣布他喜欢上了一个男同学。父母一下子慌了神，赶忙四处找心理老师，当我

们见面的时候，妈妈伤心痛苦地问我说"我的孩子同性恋了，老师，怎么办"。当我问这个孩子喜欢那个男生什么的时候，他说"他高大、有力量，是运动员，可以保护我"，我又问"他也喜欢你吗"，他说"他不知道我喜欢他，我没告诉过他。我就是想看到他，想摸着他的胳膊"。看，这个男孩子想要的，是不是一个父亲的感觉呢？可是他真实的父亲从他小的时候都没有陪伴过他。

所以，孩子的情感世界更多是需要父母给到他爱抚、陪伴、认可、信任，尤其认可很重要。

●面对孩子"早恋"的"非暴力沟通"四步法

当家长面对孩子的"早恋"，可以用"非暴力沟通"的四步法与孩子沟通：

1.我看到（听说）你和××（孩子朋友的名字）关系很好。

2.我很好奇你们是什么样的朋友。

3.我希望你和好朋友可以互相促进学习和共同进步。

4.你们是否可以做到呢？

上面四步法中相关语句的含义是：

"关系很好"，而不说"早恋"，代表大人没有做出自己的定义，而是观察到孩子的关系是很好的。我知道的一个男孩子曾被妈妈问是不是"早恋"，孩子跺着脚急切地说："你们大人怎么这么复杂！我们就是纯洁的好朋友！好朋友！"

"好奇"，代表不知道、不来评判，只是作为家长很好奇孩子的事情，关注的方面是自己孩子和对方孩子是怎样的。

表达家长对孩子的期待是，我需要你们是可以在学习和成长上彼此促进和帮助的，而不是别的，比如玩起来忘了学习等。

表达对孩子的尊重，"你们是否可以做到呢"不是"你"，是"你们"，这样孩子不会觉得家长要把他们拆开。

当孩子得到了家长对他发展友谊的尊重，并了解到家长其实是可以沟通的，并给到他想要的情感的需求和支持的时候，他就不会"陷"在"早恋"的关系中，而可以走出来，面对更丰富的关系世界了。

孩子"早恋"：

话
术

● 面对孩子"早恋"的"非暴力沟通"四步法：

1. 我看到（听说）你和××（孩子朋友的名字）关系很好。
2. 我很好奇你们是什么样的朋友。
3. 我希望你和好朋友可以互相促进学习和共同进步。
4. 你们是否可以做到呢？

心理小知识

从发展心理学角度来看，一个人9~12岁的友谊是双向帮助关系，"顺利时的合作"但不能"共患难"，约12岁以后才会发展亲密而又相对持久的共享关系。

第四章

父母学会表达爱，
孩子走到哪里都充满力量

孩子不尊重家里的老人：
家庭中"三角关系"的处理

现在的家庭，刚开始组建的时候，许多都是小两口独自生活，享受二人世界，家庭简单，偶尔和老人见面也是短暂而愉快的。

当有了孩子，夫妻二人即使有一个人不上班，也会需要老人的帮衬。相处久了，老人和孩子难免产生摩擦。老人有老人的规矩和要求，孩子有孩子的主意，"代沟"隔了不是一两条，几十年的年龄差距，仿佛是沟通的"天堑"。

你会看到孩子皱着眉头，扭动着肩膀，对姥爷姥姥或爷爷奶奶大喊："我都说了我不要，你烦不烦啊！"孩子有好多气，老人更是委屈。

我曾看到一个妈妈在这个情境下一声不吭，后来问到这个妈妈，她说："我不知道说什么，家里老是这样，我也没办法，我一说孩子，孩子就开始冲我嚷嚷、发脾气。我要是向着孩子，我妈就委屈。有一次我妈就大晚上自己出走了，害我们找到大半夜。我妈哭得好伤心，孩子也哭，一家子鸡飞狗跳的。"

我问她："假如你不参与其中呢？"这位妈妈想了想，说："有过，好像一会孩子好了，就会来哄姥姥，姥姥也就不再生气了。"

是的，作为孩子的父母，遇到这种情况时，首先要相信孩子和老人是可以自己解决的，同时，要相信我们看到的和我们知道的那两个人的互动中有我们不知道的部分。

无论家长了解事实真相多与少，千万不要如此训斥孩子："干嘛对姥爷姥姥（爷爷奶奶）这么说话！这么没大没小……"也不要说："你怎么这么没礼貌啊！姥爷姥姥（爷爷奶奶）带你容易吗？！"因为这样的话语特别容易引起孩子的反驳："我没让他们照顾啊！"老人听了会更生气。

同样，也更不能对老人斥责和抱怨。

你可以站在中间立场问："究竟发生了什么？"

对孩子，你可以告诉他："或许你有道理，但有理更要好好说啊！"首先给孩子一个理解——他不是无理取闹，即便他真的是无理取闹，当家长可以用正向的语言引导时，不出三五次，孩子就会有改变。因为，孩子更需要的是父母的认可和包容。

对老人，你可以说："抱歉妈（爸），让您受累费心了。您老消消气，身体要紧（同时可以轻抚老人的后背），我和孩子单独谈谈，好吗？"必要的时候可以给老人倒杯水，之后拉着孩子去单独的房间了解事情原委。

　　这样的做法，做父母的没有评判，只有情感上的交融。

话

术

孩子不尊重家里的老人：

● 究竟发生了什么？

● 或许你有道理，但有理更要好好说啊！

心理小知识

　　在家庭关系中，对于单线条的关系，双方会磨合出一个模式，每个人和其他人都会有自己的相处模式。所以你会看到孩子对每一个家人的态度都不一样。如果两个人的关系再加入其他人，就会变成"三角关系"，那么就很容易失衡。家庭中的"三角关系"很难保持"正三角"，或多或少都会有近此远彼的情形。处理家庭关系，就像把一团杂乱无章的毛线理出头绪，要从一头开始理，不要让问题复杂化。在越简单、越单一的状态下，越容易让关系的双方达成一致，建立和谐的相处关系。

父母一说话，孩子就嫌烦：
对孩子多一些信任，少一些督促

每当遇到家长问我"为什么我一说话，孩子就烦呢"，我都会反问到"你说的什么让孩子烦呢"，家长一般都会说"我就是管他的学习和生活呀"。

家长管孩子的学习和生活，本没有错，但关键是怎么管，管的时候都怎么说的。

有一个小学生的妈妈，我问她"孩子每天放学，你都怎么和他说话"，她说"我就是问他，今天都留什么作业了？在学校和同学相处的怎么样之类的"，我说"不是，是孩子进门的时候你们都说了什么，是怎么说的"，这个妈妈想了想说"一般孩子进家门我就是这么问的。有时候会说'放学啦？赶紧写作业去'，然后就没什么了"。

我对这位妈妈话语的感受是"好冷淡"啊！

●孩子的独立意识增强了，家长的意识却没有变

我们的孩子，生活在一个话语权非常强的年代，这是时代的进步带来的。尤其我国多年的独生子女政策，代际关系的变化可以说是翻天覆地的。"小皇帝""小公主"是每个家庭的中心，一个孩子吸引了全家的关注，孩子不仅可以参与到大人的谈话中，甚至他可以成为全

家谈话的主宰者，大人还乐在其中。孩子在这样的社会和家庭环境中长大，他的独立意识增强，代际的层次感降低，换句话说就是孩子对老人和大人的服从会减少。

可是，上一代人不是在这样的环境下长大的，他们的"辈分"意识还很强，还停留在"家长意识"之中。加之"不要让孩子输在起跑线上"等口号铺天盖地，家长的焦虑陡增，生怕自己的懈怠和疏忽造成孩子一生的遗憾。处在这样焦虑之中的家长面对孩子，一张口几乎都是教育的、催促的、指责的、批评的口吻。哪个孩子愿意听呢？

心态会影响情绪，情绪会影响语气，家长一开口就让孩子烦的那些话，一定是孩子觉得不好听的。

在家长制不算严重的家庭，孩子会用语言表达不满和抗拒，家长在和孩子的博弈过程中，能够部分地退让，孩子可以获得一部分的认可和允许，那么代际沟通的冲突都会适当缓解。而家长制严重的家庭，孩子没有表达情绪的话语权，他被不允许、被制止甚至被打击。渐渐地，孩子就会不能、不会、不想通过正常的言语沟通去表达了。

每个家长都希望和孩子好好沟通，只是面对孩子的反抗和不满情绪，用尽了各种办法，看了许多书，听了不少课，学习了很多亲子沟通的方法，似乎还是觉得一筹莫展。那么问题出在了哪里呢？

我想，或许我们太把"亲子"当回事了，孩子本来就是亲的，父母更多需要做到的，是我们发自内心对孩子本身的关心和爱护，多一些信任，少一些督促。如果家长认为自己的孩子已经需要去为自己的未来负责了，那么一句"你长大了，我相信你有自己的判断和想法，妈妈（爸爸）相信你可以做得很好"。我想比许多话都能让孩子听到心里去。

家长可以学着向孩子认真表达爱，我常常对我的孩子讲"母爱，是最大的自私，因为你是我自己的孩子，我才会对你那么地上心和用心""我的孩子是最好的，因为全天下我只有你一个孩子，而你也只有一个妈妈、一个爸爸和一个家。所以，咱们家里的一切，我都觉得是最好的，是我最喜欢的"。家长们也可以试一试。

话术

父母一说话，孩子就嫌烦：

● 你长大了，我相信你有自己的判断和想法，妈妈（爸爸）相信你可以做得很好。

心理小知识

代际关系泛指老年人与年轻人，如家庭中的父母辈或祖父母辈与儿女、孙子女辈的关系。老年人与年轻人因为生理的、心理的、角色和社会地位以及社会经历的不同，在行为和认识上产生差异。不同代的人各自具有以自身群体为中心的价值观。

孩子总对父母发脾气：
孩子发脾气，往往是父母"逼迫"的产物

　　发脾气总是不好的，伤己伤人。而且，一旦发了一次脾气，就仿佛打开了密封的"盖子"，以后拧开就很方便了。况且，发脾气是可以"传染"的，家里一个人发脾气，会"点燃"另一个人的情绪，使本来想好好说话的那个人，瞬间爆发压抑的火气。父母爱发脾气会遗传给孩子，孩子发脾气会激怒家长。如此循环往复，家中就变成了"战场"。

　　然而，我们多数人，看到孩子发脾气的时刻会斥责孩子，会为此动怒、伤心、痛苦，会被孩子的坏脾气弄得神伤心痛，但家长们很少去想、去问孩子为什么发脾气。一句"他脾气不好"就给盖棺定论了。

● 了解孩子发脾气的原因，才能化解

美国哈佛大学心理学教授丹尼尔·戈尔曼认为："情绪意指情感及其独特的思想、心理和生理状态，以及一系列行动的倾向。"

一些神经科学家从实验中得出结论：快乐和愤怒这样的情绪并不是一开始就被植入到了我们的大脑中，也就是说所有情绪都不是我们与生俱来的。所谓的情绪是由我们所处的文化环境和过往经验所塑造的概念，并且通过个体的神经系统构建而成。

从中医理论来看情绪："心藏神，在志为喜；肝藏魂，在志为怒；肺藏魄，在志为悲；脾藏意，在志为思；肾藏志，在志为恐。"可见，脏器的健康与否也会影响我们的情绪。

所以，无论上述哪个领域对情绪的解读和研究，我们都可以看到，情绪是没有无缘无故的。家长需要了解孩子发脾气的原因，才能有办法去让孩子的情绪得以化解。而了解孩子为什么发脾气，就需要家长的耐心，并学会和孩子沟通。

● 孩子发脾气，往往是父母"逼迫"的产物

我们的家长通常被孩子的"发脾气"牵着走。孩子发脾气，家长很少能保持镇定。而孩子发脾气，往往是父母"逼迫"的产物。

孩子从生下来就有自己的独特需求，每个孩子都不一样，这可以称之为"天性"，父母也有自己的天性，如果父母和孩子"匹配"，就像有许多人去算命，去看星座是不是匹配一样，父母和孩子的脾气秉性比较"合"，那么父母就容易去接纳和满足孩子的种种需求，孩子可以获得安全感和被接纳的感觉，形成一个正向的自我概念。但假如

这个孩子的行为和大人的有冲突，或者和父母其中一人有冲突，这就为孩子以后的发脾气埋下了伏笔。

比如，我在拉萨的一个商店里，柜台里一个女婴在声嘶力竭地哭闹并四肢乱挥。而妈妈就一直在皱着眉头给顾客介绍商品。我看不过去了，就说"孩子一直在哭闹，她在叫妈妈，你快来抱抱她吧"，孩子的妈妈扭了一下脸"都忙死了，哪顾得上她"，然后继续接待那几个顾客。我仍旧"没眼力见儿"地说"孩子那么小，她不知道你忙，你不理她，会给她造成心理阴影"，妈妈已经不理我了。这时候过来另一个年长的女人，看来是孩子的姥姥，把孩子抱起来，孩子立刻就不哭了。

这个情景在日常中也很常见，只是家长没有意识到。孩子大哭大闹才能把家长叫来，那么在她幼小的心灵中，就形成了"哭闹、发脾气，才能获得家长的重视"的概念。孩子没有学会应该心平气和的表达，因为他不哭闹就没人理他，所以，这是孩子为自己找寻存在感的唯一途径。

我们人类养成的行为一定是自己觉得有用的，没有用，就不会有那样的行为。

●每一次发脾气的背后，都有一个无法表达的需要

孩子总是发脾气，家长可以看看，他都什么时候发脾气。是不是孩子的要求没有得到满足，无论是物质的，还是心理的需求。

这时候，家长可以抛弃以往应对孩子的方式，因为那个方式已经不起作用了。那么就在记忆中"翻找"一下，有没有孩子和家长都接

受的和平、和睦、和美的方式，如果有，可以拿出来和孩子讨论。

"你这样发脾气，我们很头大。你要不要想一个让爸爸妈妈能够接受的方式来表达你的需要呢？"让孩子停止发脾气，停止抱怨！然后问他"如果不发脾气，究竟想说什么"。因为从心理学来讲，每一次发脾气的背后，都有一个无法表达的需要，既然过去孩子觉得无法表达，那么，可以从现在开始，帮助孩子学会好好表达，并且父母要做到自己可以"好好倾听"，耐心听孩子讲的是什么，他想要什么。

还有一类家长，为了自己成为好父母，就一味去迁就孩子，把自己放到比孩子还低的位置去迎合孩子。这样，孩子也会被惯成脾气大的"王子""公主"了。那么这个时候，家长要站在教育孩子的角度给孩子立规矩，同时要强势一些，给孩子以界限感，孩子才能在符合社会规范的前提下成长。

当孩子好好说话被父母听进去，并且双方可以共同商量解决的途径，会让孩子觉得在父母这里可以开口表达，他就没有必要用发脾气的方式来表达需求了。

心理小知识

家长的态度和孩子的焦虑情绪是息息相关的。家长只需要在日常和孩子的相处中，尊重孩子的想法，倾听孩子的心声，让孩子觉得自己这个人被父母关爱、关心与关注，而不是孩子自己做的事情，那么孩子就会在父母这里获得情感的需要。情感得到满足的孩子，在情绪上就会趋于平静、愉悦、快乐。孩子也就慢慢不需要靠发脾气的方式来表达需求了。

除了"宝贝我爱你"还有什么话可以向孩子表达爱：
具体地赞美孩子的正向特质

不知从何时起，我们的家长学会了"宝贝我爱你"这样对孩子的表达方式。久而久之，孩子听腻了，家长也说腻了。甚至有的孩子还会质疑家长"你真的爱我吗""你就是这样爱我的吗"等。

从心理学来讲，孩子会更看中父母是如何做的，而不是如何说的，因为眼睛是比耳朵更让人觉得可信的。

●当你想对孩子说"我爱你"时，你真实的想法是什么

一般家长说"宝贝我爱你"的时候，都会有一个情境。很少会平白无故来一句"宝贝我爱你"。

我在积极心理学讲座的课堂上，也会先让大家看一个片子，看看主人公是如何发现别人的优点，如何客观准确地表达对对方的赞美的，然后让大家结对练习，或者围成小组，让每个人接受他人的赞美。但有一个原则，是每个人开口赞美他人的时候，要先说："××（课堂参与者的名字），我爱你，我爱你的……"接下来，我们找可以看得到的对方的优点。也就是练习我们"发现美的眼睛"。开始的时候，大家都不知道如何表达，只说一句"我爱你"就不知如何接下去了，就开始嘻嘻地笑。但练习了几回，大家都开启了"捕捉美"的瞳

孔。比如，有人对伙伴说"我看到你刚才帮经过的同学挪了一下椅子，我觉得你是一个为他人着想的人，我爱你"或者"××（课堂参与者的名字），我爱你，我爱你特别认真地听我讲话，还对我微笑，给我信心和鼓励，你是一个很会倾听的人"。

家长对孩子的表达也一样，当家长的肯定能够很具体，告诉孩子他看到的孩子身上的积极方面，比如"我看到你写作业的时候很专注，我很佩服你的专注"，再比如"今天你自己刷牙了，妈妈觉得你自己长本事了，好棒"，孩子才能了解到你对他是有关注的，并对你的赞美和鼓励予以正向回馈。

语言是多种多样的，尤其中国的语言丰富、博大精深。"我爱你"并不是那么中国式的表达，况且这个表达很概括，所以家长可以多观察、深思考：当你想对孩子说"我爱你"时，你真实的想法是什么，是希望他自信、是希望他有活力、是希望他可以专心学习，还是希望他怎样。

有了希望，才有了目标，才会对孩子说："我看到你怎样怎样，我觉得那个时候你都闪亮了，好可爱，嗯，我喜欢。"

有一个小女孩上一年级，没多久就不愿意去学校了。来找我咨询的时候，妈妈已经是一个头三个大了，妈妈说"我每天哄她去上学的时候，都会说'宝贝，妈妈爱你，你好好去上学啊'，可是孩子就黏着我，就不去上学。到现在已经好几个月不上学了"。我问这个家长"你为什么要天天说我爱你呢"，这个妈妈说"我是想让她知道我不会把她送到学校就不管她了"，我又问"是什么让她觉得妈妈把她放到学校就不管她了"，妈妈说"是因为孩子平时特老实，在学校受了欺负不敢说，老师发现后找她，她和孩子爸爸当时有事没有及时赶到学校，让孩子心里害怕了"。所以，是孩子被吓到了，妈妈才会努力去用语言表达"宝贝我爱你"。但孩子依旧害怕去学校，她会在心里说"既然你爱我，干嘛还让我去那个可怕的学校啊"。所以，家长不如在孩子能够安心去学校上下功夫，告诉孩子，妈妈会和老师讲，一旦有小朋友对她不友好，她就可以告诉老师，让老师告诉妈妈或者爸爸。同时，我让家长提升孩子的自信心，表扬孩子在上学期间的每一点进步，他们用的话术就是，当他们在表示感叹"哇偶""这么好""很棒啊"之后，用"这个不是那么容易的，你是怎么做到的"让孩子自己表述，让孩子更有自信、更有能力。孩子真的就一天天变得开朗和自信了。

家长指出观察到的孩子的正面特质，发现孩子自身的能力和正向资源，并给予赞美，让孩子知道什么是超出平常的例外与个人资源的存在，鼓励孩子，提升孩子对自己事情的责任感。基于这些出发点来面对孩子的成长之路，孩子会越来越好。

除了"宝贝我爱你"还有什么话可以向孩子表达爱：

话

术

- 我看到你写作业的时候很专注，我很佩服你的专注。

- 今天你自己……了，妈妈觉得你自己长本事了，好棒！

- 这个不是那么容易的，你是怎么做到的？

心理小知识

　　在后现代心理学中，关于如何赞美的原则是：平实，以现实为基础，要有自己的标准或社会公认的标准；非评价的、表达充分的、看到的优先表述；不拖延的立即表达或回馈；不带有家长明显的期待（因为期待也是一个压力）；符合心理健康和伦理的、表达家长清晰界限的、有一致性的、为孩子健康成长的、体现关心的赞美等等。这样可以让孩子知道父母的自豪感，并且引发孩子对自己行为的正向思考，为自己储存一个"模板"。

家长要在孩子面前表露出"赚钱辛苦"的态度吗：
家长要分清哪些是自己要承担的责任，和孩子无关

　　一些家长想要告诉孩子生活不易，督促孩子进步，有时会流露出"为你，家里花了多少多少钱"，或者"爸爸妈妈挣钱很辛苦，你要好好学习，将来能有好工作，不要像爸爸妈妈这样辛苦啊"的感叹。

　　这里有一个案例就是这样的情况。

　　我和孩子的妈妈很熟悉，一次组织活动，我见到了这个年轻妈妈常挂在嘴边的儿子，小男孩儿刚上小学，很瘦，但也能看出骨骼很有力量，肩膀略微架着，眉头皱着，处处显出超过这个年龄的成熟和精

明，言谈举止也像个大人。我就问这个妈妈："是不是你经常和孩子讲妈妈爸爸挣钱很辛苦，挣钱很不容易的话啊？"

孩子的妈妈连忙称是："是啊！老师，我就是和他爸总跟他这样讲，是想让他珍惜他的生活，好好学习，长大了有好的工作"。她继而很惊奇的问："老师，您怎么知道的？"

我说："你看，孩子的肩膀略微架着。"同时我把肩膀耸起来给她看："你看，我们的身体是很忠实于我们内心的。""孩子的肩膀这样架着，说明他承担了他这个年龄不该承担的东西，他觉得沉重，但还要努力去承担，于是，孩子的肢体就要配合内心的感受，表现出来了。"这个妈妈点点头。后来她问我："怎么办？有弥补的办法吗？"

"当然有"。凡事都有可能改变，只要我们找到正确的方法。

在家庭教育中，在和孩子的互动中，"解铃还须系铃人"。谁说的话，就由谁负责解释，把以前说的，想办法"圆"回来，目的是让孩子放下那个压力。让孩子在轻松、愉快、安心的状态下，可以进入他这个年龄该去关心的地方。可以多运动、多游戏，开阔眼界，懂得一些社会规则等，还要知道学习是为了让自己有本事，让自己和其他的同学有一样的知识和能力。眼界开阔了，心里就会有更多快乐的源泉。

于是，这个妈妈回家和孩子谈了话，大意是"爸爸妈妈以前说挣钱辛苦，是希望你能好好学习长本事"。但这个妈妈想重点强调"挣钱是我们大人的事，只是想让你不乱花钱，而你不用担心家里没钱，也不用担心爸爸妈妈挣不到钱。因为我们上学时学习都很好，我们是有本事挣钱的。你只要在学习中找到你喜欢的，我们都支持你。"。总之，这次谈完，孩子开朗和轻松了很多。学习也更自觉了。

所以，家长要分清哪些是自己承担的，和孩子无关，要把家庭的界限划分清楚。孩子是很忠诚的，家长让他担当的，他再怎么小也会自己想办法去帮父母，尤其是帮妈妈。但他真的能帮上忙吗？他做不到的时候，心里就着急，着急就会在他应当做的事情上分心，就会影响学习、影响快乐，他就变成了愁苦的"小大人儿"了。

心理小知识

弹簧效应（Spring effect），指某一事物受到的环境压力越大，其自身的爆发潜力和空间也就越大；受到的环境压力越小，其自身的爆发潜力也越小。

弹簧效应在我们的日常学习和工作生活中都十分常见，尤其是当我们承受压力之时，我们越是感到困难与压抑，便越是需要像弹簧一般迎难而上。弹簧承受的压力是有范围的，压力过大，超过了弹簧的承受范围，反而因压力而让弹簧绷断。

家长培养孩子的抗挫折力也需要根据孩子所在的年龄阶段能承受什么样的压力、能承受多大的压力而定。

大娃和二娃之间争抢：

智慧的家长，不参与孩子的争抢

　　大娃和二娃的争抢、吵架多出现在孩子半大不大的年龄。比如，老大上了初中，老二刚上小学或幼儿园；或者，老大上小学，老二刚上幼儿园。再小的两个孩子，他们也有争抢，但吵架的状况就会少，毕竟小不点儿的孩子还没有很强的吵架能力。家庭中有一个孩子处于反抗期的成长阶段，孩子之间的和平相处就不容易保持。

●两个孩子在和妈妈相处的过程中，会产生"同胞竞争"

　　但无论孩子怎样争抢和吵架，其背后的心理因素还是与妈妈相关的。母亲和孩子的连接是天然的，母子的脐带连接和哺乳，决定了母亲在孩子生命中的重要地位无可取代。每个孩子都希望自己是母亲全部与唯一的爱的对象，包括父亲都是自己的"情敌"，这在心理学中是为"俄狄浦斯情结"，它是每个小生命对母亲的保护与爱的强烈渴望。而当两个孩子在和妈妈相处的过程中，不可避免地为了"争夺"妈妈对自己的关注与爱，而产生竞争心理和行为，这在心理学上被称为"同胞竞争"。

在心理学研究中发现，一母同胞的存在，会带来一些混乱而痛苦的感受和问题。老二甚至其他孩子的到来，意味着原有的孩子与父母关系的改变、与更多家族成员关系的改变、与周围世界关系的改变，以及自我在家庭甚至家族系统中位置的改变等。年幼的、更无助些的新生儿或幼儿，从母亲处可以获得更多的关注、照料和躯体的亲近，"会哭的孩子有奶吃"便是最好的诠释。

●家长需要表达，并且不断地表达对两个孩子的同样认可

很多家长说，我已经尽量做到公平，尽量做到"一碗水端平了"。是的，父母有自己的角度，觉得自己对孩子是公平的，但孩子的感觉是不一样的。所以，当孩子们相互争执的时候，无论哪个孩子找家长告状或求助，家长都可以采取"信任"的态度，信任孩子自己可以解决，他们找父母是想"争宠"，是想做父母眼中和心中的"好孩子"。

所以，家长需要表达，并且不断地表达对两个孩子的同样认可。家庭中，在一般情况下没有谁是谁非，有的更多的体现是情感，是"爱恨情仇"的交织、是情感的流动和交融、是"厚此薄彼"的较量、是"近此远彼"的拉锯。好的家长，不参与孩子的争抢。因

为这里面不仅有"同胞竞争"，还有"血浓于水"呢！家长是孩子"争抢"的对象，家长"掺和"其中，孩子就会彼此"争抢"，家长"一视同仁"地站在两个孩子的"外面"旁观，孩子自己会调节他们之间的关系。

家长可以说"我不喜欢你们这样不互相谦让，我相信你们都有自己的理由，但我更相信你们可以自己友好地解决问题"。请注意用词，是"互相谦让"，是"友好"，不是"争抢"，也不是"打架"等负向词语。家长说完这样的话，就去做你自己的家务啊、工作啊，孩子自己很快就会很友好了。

有一个家庭，男孩上小学，是老大，妹妹2岁。妹妹和妈妈爸爸可亲了，也想和哥哥亲，但每次父母看到的都是哥哥很不友好地对待妹妹，可是妹妹还是很"跟屁虫"地跟着哥哥，家长好奇，离家后再悄悄折回，观察发现，哥哥在没有父母在场的时候，对妹妹格外亲昵和温柔，很疼惜和谦让妹妹。家长不解，当我解释完其中缘由，家长释然了。

毕竟血浓于水，家长能够信任自己的孩子是善良和友好的，这种具有正能量的想法就是家长表达出的正向态度。

孩子喜欢攀比，嫌弃家里穷：

父母自信了，才能将这份自信传递给孩子

孩子之间经常产生"我家有这个好东西，你家没有"之类的对话，有的孩子听了之后，觉得自卑，有的孩子嫌弃父母无能，有的孩子哭闹也要那件东西，这种情况下该如何疏导孩子呢？

面对这样的问题，我想起一个咨询案例。

一个30岁不到的青年人，因为觉得自己的未来很茫然，但女朋友要求他工作稳定，有良好的收入，才可以结婚。可他就是没有办法在一个工作上稳定超过一年。当我问及他的原生家庭，他说他从上学的时候，他的父母就告诉他家里很穷，希望他努力学习，将来才有出息。于是，这个孩子就很努力学习，顺利考上一所很好的大学，又考上了研究生。等到他毕业和家长商量找什么工作的时候，他的父母告诉他"咱家有好几个公司，每年收益几千万。现在你终于毕业了，我们也不瞒你了，希望你能来咱家的公司，以后好接你爸的班"，这个年轻人一听就傻了，继而就崩溃了："我辛辛苦苦努力这么多年，为了自己有出息，为了给父母一个好的生活，现在一切都被颠覆了！我恨我的父母！他们让我担忧和辛苦了这么多年。他们怎么就能想出来

这样的主意！"

这个家庭的故事，让我听了，仿佛是一部现代剧，一切都像编写的剧本。家长期待孩子听到真相会欣喜若狂，仿佛天上掉下个大馅饼。却没想到孩子并不买账，他觉得受了父母的愚弄，父母不信任他也不爱他。他说："假如他们告诉我真实的家境，我也一样会努力学习啊！怎么就觉得我会成为一个纨绔子弟呢？！我实在不能理解。"

●让孩子了解家庭的状况是很必要的

孩子可以不参与家庭的经济活动，不参与家庭经济的决策，但让孩子了解家庭的状况是很必要的。每个家庭都有自己拥有的东西，也有自己没有的东西。过去的大家庭，会让自己的孩子了解自己的家族史，了解自己家值得骄傲的地方，孩子会以自己的家和自己的父母为荣。这种荣誉感可以支撑一个孩子的自尊，就好像我们的家国教育，让民众有民族自豪感、拥有家国情怀、拥有国家骄傲是一个道理。

尤其是20～30年前的孩子们，家里都没什么钱，但也有家庭比较富裕一些的，我的家长就告诉我们不去攀比，人家有的是人家的，人家没有的也不会告诉你。人家有咱家没有的，咱家也有人家没有的。比的不全是物质和经济上的东西。

"我们家有一家子有文化有知识的人，我们家没有吵架更没有打架，我们家有别人家没有的和谐和互相尊重。"

"我们家有老爷爷是老革命，我们家有勇往直前、战胜一切困难的精神，我们家有一种别人家没有的英雄气概！"

"我们家有特别会做饭的我爸爸，做的菜可好吃了，我们家有好多植物，我妈可会种花了。"

……

我们让孩子找出自己家拥有什么的时候，孩子会从自己的眼睛或者从家长的介绍中获知自己家庭值得骄傲的地方，也会由此找到自信。

有的家庭在经济上和生活条件上不尽如人意，孩子的父母可以对自己的孩子说"爸爸妈妈很努力让咱们家、让你能过得好，我们也一直尽力让你和大多数的同学有一样的东西，但不是别人有的我们都有，咱不能光和人家比这些，要比就去比学习成绩，比在学校的表现，比你有什么特长，这样也会让同学尊重你"。

"忠厚传家久，诗书继世长！"这是中国人的祖训。

家长在孩子小的时候，没有如实告诉孩子的。在任何时候都来得及。

● 父母自信了，才能将这份自信传递给自己的孩子

孩子喜欢攀比，很正常，我们大人也在东家长李家短地比较。大人的比较，或多或少会影响孩子。孩子和同学或其他小朋友交往会比较，也是正常的。孩子去比较，会有自卑，说明孩子的认知发育是正常的，如果这个年龄段的孩子都会比来比去，而独有这个孩子没有反应，表情呆滞，要不就是孩子过于压抑自己，过于自卑，可能还会有自闭的倾向；要不就是孩子发育落后于同龄孩子。我咨询过一个5岁男孩，他就是语言发育迟滞，同龄小朋友几个人一起围着笑话他、推搡他，他还笑嘻嘻地对着小朋友笑，直到把他弄疼了，他才会哭着找

老师，而并没有觉得别人对他不好，这就是认知、情感等方面的发育迟滞。

所以，如果孩子哭着来表达对家长的抱怨，家长可以放下手中的事情，严肃地，不要开玩笑，不要逗弄孩子，不要讥讽孩子。而是要正经、严肃而温和地面对孩子说话。

如果孩子说家里什么都没有，看人家小明家，都是家长没本事等言语，这时候，家长要先表达自己的立场"你这么说爸爸妈妈是不行的（不要说"不可以的"，因为从语言的刺激来讲，孩子不会重视前面那个"不"字，而听进去的字会是"可以"。而"不行"就是斩钉截铁的、连在一起的两个字"不行"）。然后再去询问孩子到底因为什么这么激动，可以说"你可以好好说你想要什么，爸爸妈妈看如何去满足你"。之后，不论孩子大小，都可以好好和孩子讲一讲"咱们家"拥有的东西，比如爷爷奶奶、姥姥姥爷很骄傲的，比如爸爸妈妈很骄傲的东西。

几年前，在一次朋友组织的聚餐上，有几个航空公司的机长，其中一个很高很帅的年轻机长坐在我旁边，吃到一半，也聊熟了，他突然问我："张濮老师，请教您一个问题：我的儿子五岁多了，对我态度特别不好……"他描述了孩子对他种种不友好的表现。

"你希望孩子怎样对你？"我问他。

"我希望他崇拜我。"他说。

我很好奇："你怎么会想到要让孩子崇拜你？"

他说："我小的时候就崇拜我爸爸。"他描述了他小时候，跟着爸爸去工作的地方，看到其他叔叔阿姨对爸爸都很尊敬，知道爸爸的工作很有成就，就很崇拜自己的爸爸。

"那么，你有没有给你的儿子讲你的工作呢？有没有讲你到世界各地的所见所闻呢？"我问道。

他说没有。

好，这就是问题的症结所在。我们都希望自己的家人是自己肚子里的"蛔虫"，可以知道自己在想什么、想要什么。但真的不是。

所以，家长首先要自己回馈给你姓氏的家族、给你生命的父母和长到今天几十岁的自己一个认可、一个自豪、一个骄傲。假如你没有，就看一眼前面我写的句子，去找你和你的家庭所拥有的东西，并告诉自己："我骄傲，我拥有……我骄傲，我的父母给了我……我骄傲，我的家族传承给了我……"

只有父母自信了，才能将这份自信传给孩子。孩子即使去攀比，他也不会哭闹着觉得自己没有什么，更不会回家抱怨父母。或许，孩子会对长辈优秀的方面产生认同呢。

孩子喜欢攀比，嫌弃家里穷：

话
术

- 咱们家是不富裕，但是爸爸妈妈是很努力奋斗的，你放心，爸爸妈妈会尽力让你和同学们平等的。（拍拍孩子的小肩膀）

- 你能告诉爸爸妈妈是哪些地方让你觉得不是那么满意吗？（摸摸孩子的头）

- 虽然咱们家不富裕，爸爸妈妈没能给你更多的玩具什么的，但爸爸妈妈可以给你更多的爱呀！（说完亲一下孩子）

心理小知识

自我价值理论是美国心理学家马丁·考温顿（Martin V. Covington）提出的。该理论认为，人天生具有一种维护自尊和自我价值感的需要，当一个人的自尊和自我价值感受到威胁时，他就需要用各种措施来维护以保持自我的价值感和能力感。

父母给予孩子的不仅仅是安全感和良好的依恋关系，家长的自我价值感也会传递给孩子。一个内心充满自信的家庭，孩子也会自信，他会以家庭为骄傲，会觉得自己的家庭甚至家族都是让他觉得自豪的。

经常加班出差，怎么跟孩子增加亲密度：
创造属于自己家人的文化，让孩子可以更深切体会父母的关爱

有些家长工作加班比较多，回家比较晚，与孩子时间不同步，没法陪孩子，孩子可能会问：能不能回家早点，不要出差，是不是不要我了。这个时候家长怎么跟孩子沟通增加亲密度呢？

家长经常加班出差不是问题，问题是如何让孩子和另一半可以理解、可以感受到爱与想念。

许多家长常年在外，孩子在老家和老人在一起，一个年轻的爸爸就怕女儿觉得家长忽略她，所以天天晚上和孩子视频，告诉女儿，她只要好好读书，让爸爸放心挣钱，她想要什么爸爸都给她。结果，女儿要的东西越来越贵，父亲开始困惑自己的做法了。

●家长与孩子关系疏远，和家长是不是常陪伴孩子不是直接相关的

家长与孩子关系疏远，和家长是不是常陪伴孩子不是直接相关的。更大的影响因素是家长如何与孩子沟通、如何向孩子表达、如何和孩子互动。

家长和孩子本来就该是亲密的，只是我们家长自己的成长经历，

自己在原生家庭和父母的关系，影响了对待爱人和孩子的关系。关系的模式是可以"代际传承"的，可以在代际之间"复制"的。所以，讲"亲子"是个"伪命题"，本来孩子和父母就是最亲近的，这个动物的本能，怎么我们进化到人类，反而不会和自己的孩子亲了呢？怎么会不让自己的孩子和自己亲了呢？这么天然的事情，怎么我们的文明越发展就越不会了呢？值得我们深思。

● 创造家庭表达爱意的"仪式"，让家人彼此联系在一起

记得在网上看到一个报道，一个边防军的连长，女儿十一二岁，每次他出征巡逻执行任务，孩子都含着眼泪嘱咐爸爸早点平安回来，每每到了驻地，只要能有信号有空隙的时间，他也及时和女儿、爱人视频通话。一次春节，部队领导安排把他的女儿接到四千多米高的哨所，孩子承受着高原反应，但和爸爸在一起过年，特别开心。孩子早早了解父亲的工作，并以此为骄傲，虽然万分思念，但孩子不会觉得父亲不要她了，反而女儿对父亲在亲情上多了一份崇敬。

另外一个案例。一个男孩子从小在爷爷奶奶家长大，父母一直在外地工作，孩子到了小学高年级，成绩出了问题，老师也常向家长反映，于是母亲回到孩子身边，在本市找了一个工作，并和孩子搬出爷爷奶奶家，父亲一个月回来一趟。孩子对母亲的态度格外疏远，经常言语冲撞，并告诉妈妈他不想上学等，而且上课根本不听讲，回家不写作业，甚至逃学。母亲求助父亲，父亲只好每两周回来一趟，刚开始还开几个小时的车往回走，后来孩子的表现不但没有好转，反而更差，这个父亲也疲劳不堪，只好改坐火车回家，还可以在火车上休息

休息。家长觉得好辛苦好委屈："我们都这样为你着想了，你怎么就不体贴父母呢？！"当我问孩子的时候，孩子说："我爸每次回来根本不理我，就懒在沙发上看手机。我妈每天回来就是催我写作业，天天唠叨我。我都烦死了，还怎么学习啊！"当我给他们三口人做"家庭雕塑"的时候，孩子把爸爸妈妈"摆"在远远的地方，低头看地。妈妈看到说孩子不自信，爸爸说孩子自卑。我问孩子你是怎么想的，孩子说："我根本不想看到他们。他们根本就不想要我，把我扔在爷爷奶奶家，我恨他们……"孩子的母亲听了放声而哭，父亲眉头紧皱眼含泪水。父母没想到孩子会如此想。之后，在我的引导下，家长开始对孩子表达了他们的无奈与愧疚，孩子也哭了，他也没想到父母居然是爱他的。

后来，我问孩子"假如我们让家庭很温馨美好，假如你可以想到自己每天是开心快乐的，你觉得你和爸爸妈妈要怎么做呢"，他说他希望爸爸每次回来可以抱抱他带他，出去玩玩，陪他聊聊天儿，妈妈每天回家也可以抱抱他，妈妈不要说他，不要整天挑他的毛病，妈妈好好打扮打扮，妈妈不用天天做饭，可以点外卖或者出去吃一两次，就很好等。他就可以自己想学习了。

我说，现在也可以啊！现在就可以抱抱啊。

当我看到一家三口抱在一起，孩子和妈妈都哭出声音，爸爸的眼泪得以流出，我知道，这个家庭开始有了亲密的互动，开始往好的方向发展了。

所以，家庭成员之间，不仅是在一起才可以亲密，总在一起或许还会打架、闹矛盾呢，因为互相之间没有空间，浓度太高，反而容易引发不愉快。夫妻有"小别胜新婚"，家人也可以有"离别更相近"。

一个归家的拥抱，一个遥远的问候，甚至家长在外可以恢复古老的通信或者邮寄明信片的方式，即便只言片语，也可让家人的想念通过邮寄变得绵长。这种仪式感，让孩子可以更深切体会父母的关爱，可以保有父母爱自己的"证据"。

中国近代思想家、政治家梁启超有5个子女，个个成材，梁启超在有生之年一直频繁地和子女们通信，指导孩子的人生之路，他用通信，把在海外和国内的家人彼此连接起来，编织了一张爱的亲情网。

中国著名翻译家、教育家傅雷先生的《傅雷家书》影响了一代又一代的青年。我的家庭在孩子上大学期间，我们一家三代人也曾彼此写信谈心交流。

家，不仅是生活的合作地，更是心灵的交融处，家人共同创造属于自己家庭的文化，让家庭生活充满情趣，创造家庭表达爱意的"仪式"，无论家人走多远，都不会有谁觉得孤单。

经常加班出差，怎么跟孩子增加亲密度：

话术

● 出差回家："我回来了，宝贝，爸爸（妈妈）好想你啊！来给我一个拥抱！"

● 出差之前："爸爸（妈妈）要出差到××（某地），你知道那个地方吗？来，咱们在网上查查那里是什么样子的，都有什么，然后告诉爸爸妈妈你希望给你带什么纪念品回来（给孩子带些有纪念意义的礼物，让孩子在父母的出差中获得更多的知识，和亲人之间的牵挂）。"

● 爸爸（妈妈）又要出差了，每次在外面都更想你。你要是也想我了，晚上咱们可以视频通话，我给你讲讲我这边有趣的事情，你也可以分享你的事情，好吗？

心理小知识

在心理学关于家庭关系的理论中，更强调家人情感的连接，家长不在孩子身边，更需要情感的表达和回家之后相处的亲密。反之，有的家长天天和孩子在一起，但是却忽略孩子对父母情感的需要，同样会给孩子带来心理上爱与关注的缺失感。

适时表达对孩子的关心和爱，而不是关心孩子的学习怎样和是否听家里大人的话，对孩子来说是更重要的心理需要。

"我不要你了"这句话为什么不能说：

安全感是一个人成长过程中最重要的基石

我不要你了！

妈妈是一个人生命中安全感最重要的来源。安全感是一个人成长过程中最重要的基石。

古语云"地势坤，君子以厚德载物"。在中国文化中，"坤"即代表母亲，与大地"母亲"一样，都是承载生命、孕育生命，给生命以根基的土壤，给生命以无私的承载，给生命以全部的接纳和包容，给生命以安全的落脚。而人类具有万物没有的智慧灵魂，于是，人类的母亲也多了一项功能——对她所孕育生命的赞许与认可。

可是，我们许多母亲在自己还没有成为母亲，还需要被自己的母亲接纳、赞许、给予安全感的时候收获不足，于是，她不能够"达则兼济天下"，无法给足她的孩子所需要的心理满足。

●孩子不会觉得"我不要你了"是玩笑话

"我不要你了"这句话，在孩子的理解，就是"我很嫌弃你""我不接受你""我要把你扔掉"。孩子不觉得这是妈妈的玩笑话，孩子觉得作为一个独立的个体，我给你的生活带来了那么多的麻烦，我吃你的、喝你的、穿你的、住你的，要是没有我，你们可以更自由、更富有等。

我曾做过的个案里，有的在9岁时，因父母工作的原因，被送到姥姥家，孩子以为妈妈不要他了，从此就恨上了妈妈。直到39岁来做咨询，因为他无法和女性建立很好的长久关系而两次离婚。

还有一个高考前夕突然不能睡觉的女孩子，原来，她很怕考试的到来，她觉得如果她考上大学，就会彻底离开父母、离开家。她害怕被父母抛弃。经过询问，原来，在她12岁的时候，也是父母因工作调动，把她送到姥姥家几年，直到她高二才回到父母身边。

这样的例子比比皆是。这些孩子的家长，并没有用语言说"我不要你了"，而且他们的父母自认为把孩子放在老人身边是最稳妥、最可靠、最放心的安排，但在孩子心里，却认为自己被妈妈抛弃了。每当孩子在咨询室的环境下，对妈妈说出自己的担心——以为妈妈不要自己了，几乎所有的妈妈都很吃惊，甚至流泪。

妈妈不会想到，自己的一个决定或者一句话，都会让孩子的"安全小屋"坍塌，让孩子赖以安身生存的世界变得"风雨飘摇"。

●孩子的安全感需要母亲不断地给予强化

我有一次咨询来了两个访客，母女一起来做咨询，13岁的孩子不想读书，每天都想尽早搬出家门独立，原来妈妈常常告诫孩子好好读书，将来就可以自立。当妈妈解释不是要让孩子现在独立，孩子说"妈妈你吓死我了，我以为你不要我了"。

假如作为家长曾经对孩子说过"我不要你了"这样的话，那么在适当的时候，家长需要多表达"妈妈永远都爱你，妈妈的家永远是你的家，无论你走到哪里，无论你长多大，妈妈这里永远都是你的家"，孩子的安全感是需要母亲不断地给予强化的。

这里要提醒各位家长，尤其是做妈妈的：当你成为了母亲，就意味着你要对一个小生命的身体和心理都要小心呵护。意味着你不能再任性地让自己的情绪不受控制，也意味着你的言语不能再不假思索地冲口而出。

一个可以做到情绪平和、言语温和的妈妈是需要付出很多努力的。加油！

"我不要你了"这句话为什么不能说：

话
术

● 给我全世界都不换我的儿子/女儿/宝贝。

● 你是妈妈最爱的儿子/女儿/宝贝。

● 无论你长大了走到哪里，妈妈都会在你需要的时候陪在你身边。

心理小知识

　　美国心理学家亚伯拉罕·马斯洛于1943年在《人类激励理论》论文中提出："人类需求像阶梯一样从低到高，按层次分为五种，分别是生理需求、安全需求、社交需求、尊重需求和自我实现需求。"这就是著名的"马斯洛需求层次理论"。可见，在人类的基本需求中，安全需求仅次于生理上的需求为最基本的需求之一。

孩子不想上学，将来怎么独立：
这是家长自己内在的恐惧

"我的孩子说她不想上学，我担心她将来没法独立！"说这话的是一个13岁女孩的母亲。

"我的孩子不想上学，天天打游戏，将来他怎么独立啊？"说这话的是一个小学五年级男孩的妈妈。

家长的心情可以理解，但家长很少意识到这是自己内在的恐惧，而不是孩子的。而从心理发展的角度讲，孩子在这个年龄段本来就不是能够考虑到独立这件事的年龄。

家长所谓的"独立"就是孩子长大后可以自己养活自己。甚至有的家长急于想甩掉孩子这个"包袱"。孩子需要一个成长的过程，而家长则需要学会承担自己的角色担当。另外我想说："妈妈们，你们想得太早了！你们太着急了！"

●孩子的成长不能"揠苗助长"

现代社会发展速度快，日新月异，为了不让孩子输在起跑线上，家长承担的焦虑是前所未有的。带着种种焦虑，家长们"慌不择路"，想尽一切办法把自己三四十岁的经验提早告诉孩子。

但孩子的生命之路刚刚起步不久，身体和心智都还在发育和成长的阶段。小学时孩子的思维发展还处在自我认识的初级阶段，他还在探索包括对自己存在的认识，以及对个人身体、能力、性格、兴趣、思想等方面的认识。处在形象思维向抽象逻辑思维过渡的转折期，即便到了初中的青春期，心理的发展也还是处于一个没有定性的阶段，还处在心理上的成人感与半成熟现状之间的矛盾；心理断乳与精神依托之间的矛盾；心理闭锁性与开放性之间的矛盾；成就感与挫折感交替的矛盾等。

这个时期的孩子，你告诉他要好好学习，将来才能独立，不好好学习，将来就不能独立。有的家长甚至对孩子讲："我还不知道能活多久，你不好好学习，我要是死了，你连饭都吃不上，所以你必须好好学习，好能够独立。"这就把孩子吓到了。

那个13岁的女孩，一直就在纠结：我什么时候可以独立，我好赶快从家里搬走自己住，可是我没钱怎么办？我是不是可以找个什么工作能养活自己。女孩子天天脑子里都是这个焦虑，根本就无法学习。妈妈听了女儿的担心，希望单独和我聊聊，我们就到了里面的房间。

而这个女孩子却听到了我们的对话。她妈妈对我说"张老师，我其实是担心她没有自己的思考和判断能力，将来依赖心强了，就无法独立了。我并不是要让她现在就独立生活，我怎么可能这么想，我当然要把她供到大学毕业或者考研，直到她工作。我只是想让她尽量学会各种技能，为她自己好，但我没有表达完整，让孩子误会了"，妈妈说着，哽咽了。当我们出来，女孩子抚摸着心口对妈妈说："吓死我了，我还以为你和我爸不要我了"。之后，孩子妈妈回馈我说："我们回家的路上，孩子对我说了好多的话，心情也好了，这些日子也愿意学习了……"

另外一个男孩子，在他小学的时候，爸爸说"我活到60岁就够了，你要好好学习，将来自己能够自立"。这个孩子被吓得一直在想的事就是"我不到30岁就会没有爸爸了"，心理学讲孩子和父亲的关系会影响孩子的学业和事业的发展。那么一个孩子担心自己没有爸爸了，他对自己的人生还有指望吗？他学习还有什么用呢？他会觉得未来都是渺茫的，学了也是白学。

所以，家长在教育孩子这件事上是要多加小心的，言者无心还是有心都不是起决定作用的，最重要的是听者是否有心，你说了，孩子不仅听了，还听得那么在意、那么当真。

孩子不愿意上学，是因为我们的父母给予学习许多任务和责任，孩子的责任感只能体现在自身和自身有关联的地方，而学习的目的都是大人强加的，他担不起，就会被这个压力压得没有力气，一天到晚没精打采的，对什么都提不起兴趣。

　　家长在孩子的成长时期，要给足孩子安全感，让孩子知道，无论他想学什么，只要是正当的要求，是家庭各方面能力可以满足的，父母是可以支持的。并且家长需要向孩子讲明为什么支持他的某些需求，为什么有些需求不能满足他。家长首先需要相信自己的孩子是明事理、讲道理的。其次要相信自己的孩子是可以为他自己想追求的东西去克服困难而努力的。家长可以在言语上予以鼓励，比如"你想学游泳，爸爸妈妈很支持，只是希望你能在觉得不喜欢的时候可以坚持一下，你会看到自己可以学得很好"。孩子在父母的支持下会觉得自己是好的，是值得爸爸妈妈爱护和支持的。这样，孩子也会逐渐对其他的事物和上学提起兴趣了，因为不想上学，无论是什么原因，首先都是来源于父母的疏离、不关心和不理解，孩子心中有情绪。家长需要对孩子表达的是，上学不是为了别的，是一个人要长大，要和其他人接触，要适应外部世界，是要让自己的本事也随着身体长大，而不是为了独立而学习，也不是为了替父母承担什么责任而学习。家长需要警惕的是，不要让自己的压力传递给甚至移交给还没有能力承担这些的孩子。家长更要分清楚是自己的担心，还是孩子表现出来的问题。

　　安居才能乐业，安心才能乐学。

孩子不想上学，将来怎么独立：

- 你现在还是小孩子，等你把在学校学的知识学到了，能够掌握的本领掌握了，那你长大了想做什么工作，就都有可能了。

- 没关系，上学的事情需要适应，咱们有好多年可以慢慢适应呢，爸爸妈妈陪着你长大。

话术

- 每个人在不同的年龄有学习不同本事的能力，你现在的年龄要学习你们的课本知识和一些生活的能力，还有一些其他的内容。家里大人的事情就需要爸爸妈妈去搞定。

- 如果你想了解大人的世界，咱们可以找时间带你去看看爸爸妈妈的办公室。等你长大了，把要学的东西都学会了，你也就有自己的世界了。

心理小知识

压力是个体在察觉"需求"与"满足需求"时的能力不平衡感。心理压力是一种"应激"状态，在这种状态下，人感到必须调整自己以适应环境。心理压力不是神经紧张那么简单，人们发觉自己不能完成或处理某一生活要求时，便感到被某一生活要求把持着，不能逃退，因而感到压力。压力会引致身体及情绪上的不痛快。在人类的进化过程中，压力扮演着一个很重要的角色，它保证了人类"如何活下去"和"如何活得更好"两个最基本生存的目标。没有压力，人类不能进化到今天。但是过大的压力，亦会使人类陷入这两个目标的相反方向。一个人的压力感受，并不是来自现实环境的刺激，而是来自自身的想法或思考方式。如果能以理性即弹性的态度去面对，则所引起的负面情绪会减少。

小孩不肯分床睡：
给予孩子与父母"分化"的基本环境

小孩子和父母"分床睡"或者和父母"分房睡"，是许多家长关心的问题。家长们担心，孩子不独立睡觉，总是和爸爸妈妈在一张床上睡，就会长不大，一直黏着父母，未来就会影响人格的独立。有的男孩子老大不小了，还和妈妈睡，也担心孩子的性早熟等。

从生理卫生的角度，孩子和父母分床分房睡是必要的。孩子单独睡，对孩子的生长发育有好处，一个人的房间，孩子的作息可以不受大人影响，可以养成良好的起居习惯。孩子单独睡，对孩子形成独立的人格有好处，省得孩子和父母黏在一起，永远长不大。

但是，问题来了，家长说，他们每次把孩子放到孩子自己的床上或孩子自己的房间，孩子睡着睡着，醒了，就还会跑到大人的床上来。怎么办？

● 影响孩子对于睡眠的感受的，更多的是孩子的心理安全感

孩子在表达不愿意自己睡的意愿时，会说出各种各样的理由，但实际上，无论孩子年龄多大，家庭状况如何，房间是否够用，影响孩子睡眠感受的，更多是孩子的心理安全感。孩子不肯分床睡，主要是看孩子在早期的安全感和依恋关系上是否得到了满足。孩子的安全感

来自早期，比如是否有妈妈突然离开，让孩子等待很久；或者是否孩子久哭而没有得到妈妈的安抚等。

分床或者分房，就是"分开"与"分离"。不愿分开、不愿分离，可是又要分开和分离，就会产生"分离焦虑"。而造成孩子分离焦虑的行为，每个家庭都无法避免，大人不可能随时随地陪伴在孩子身边。尤其是现代的家长，许多妈妈们在孩子半岁的时候，就要回到工作岗位。即便按照心理学家提议的，孩子在3岁前由妈妈亲自带，也依然会出现妈妈短暂离开的时候，也依然会令孩子产生分离焦虑。对此，家长更关心的是"怎么办"。既然孩子目前已经形成了不愿分床或分房睡的局面，怎样才可以让孩子愿意独立睡眠呢？如何处理孩子的分离焦虑呢？这里给大家分享一个真实的故事。

大家熟悉的相声大家于谦，他在综艺节目《幸福三重奏》中和吴京夫妇谈及对孩子的教育时，分享了自己送孩子上幼儿园的奇招。他说当他的小儿子做什么事情要是做得好，他就会及时夸奖，并且还说"将来肯定送你上幼儿园"，以至于孩子特别期待上幼儿园，并且以"上幼儿园"这件事为荣。而真到了于谦送孩子上幼儿园的时候，发现孩子特别高兴。

对待分开睡问题也是一样，当家长让孩子对自己睡这件事情产生了期待，并且是美好的期待时，那么孩子就期待这一天的来临。而当这一天来临的时候，孩子会欣然接受，并享受其中。这就是心理学讲的"期望效应"。由美国著名心理学家罗森塔尔和雅格布森在小学教学上予以验证提出，指人们基于对某种情境的知觉而形成的期望或预言，会使该情境产生适应这一期望或预言的效应。

在和孩子沟通的时候，家长可以问孩子"假如有一天，你睡觉醒来，你发现自己睡在自己美好房间的小床上，你觉得那是什么样的房间呢？是什么颜色的呢？都有哪些东西是你喜欢的呢？""当你醒来的时候，发现你躺在自己的小床上，你觉得你的小床是什么样子的，你在和什么玩具睡在一起呢？"……通过"假设解决问话"，以类似的想象，激发孩子对自己睡的向往。并且要预设一个时间，最好是一个有意义的时间，来实现孩子的期待，而不要急于求成。

当然了，家长要防止自己有"终于成功让孩子自己睡了"而"兴奋过度"的表现，让孩子觉得是"上了父母的当"，反而会产生更大的抵触情绪。我们让孩子自己睡是为了孩子成长和独立的需要，孩子需要有独立意识，并给予孩子与父母"分化"的基本环境。而不是父母想甩掉孩子获得自在。

如果家庭能够为孩子的自我分化提供环境，那么孩子长大后更容易形成独立的自我，而成长为有力量的自己。自我分化水平高，个体可以依靠理性的判断，弹性运用自己的情绪和理智功能，在体验情绪的同时能够避免情绪驾驭他们的理性。有些孩子将父母的悲观、沮丧、争吵、敌对、离异甚至死亡等问题都归咎于自己，认为是自己的过错、自己的责任。这样的孩子不能将父母与自己进行分离，会在心里背负着父母的关系模式。有些孩子长大后能够将父母的情绪波动、离异不和等问题与自己分离来看，不因此而自责，这便是与家庭分化得比较好的。

小孩不肯分床睡：

● 等你长大了，就可以睡在自己的床上了，想一想你的床是什么样的啊？床上都想有什么（玩具）啊？（你的床单、枕头、被子是什么颜色的啊？）

● 如果你有自己的房间，你希望是什么样子的啊？你可以画给妈妈看。

● 妈妈可以答应你，晚上在你的小床上陪你睡着再走，怎么陪都行，比如讲故事、比如做手指游戏。

● 你知道怎么睡觉特别美好吗？就是自己躺在属于自己的特别漂亮的床上，然后，闭上眼睛想着最开心的事情，想着想着就睡着了。可能还会做梦乐呢。那是特别美好的！

话术

心理小知识

分离焦虑是指婴幼儿时期，因与亲人或某个人产生亲密的情感联系后，又要与之分离，尤其是与妈妈分离而引起的伤心、痛苦，焦虑、不安或不愉快，以及表示拒绝分离的情绪反应，又称"离别焦虑"。是婴幼儿焦虑症的一种类型，多发于学龄前期。幼儿从家庭进入幼儿园，环境有了巨大的改变，这个时期也被称为"心理断乳期"。

孩子希望父母陪着一起玩，但父母工作太忙：
让孩子理解的方法

爸爸，你能来看我比赛吗？

孩子的成长，不仅包括身体的成长，大脑的发育——大脑的构造与功能日趋完善、思维的发展，还包括能力的增强，如思考能力、想象能力、分析能力以及记忆力等，这些都在孩子幼儿期已开始形成。3岁之后，孩子更需要心智的全面发展。心智是指心灵智慧，儿童的心灵智慧处于萌芽状态，培养儿童心智对孩子的成长是很重要的。而在心智发展中，儿童自控能力的发展则非常重要。幼儿期的自我控制能力薄弱，但在整个幼儿期自我控制能力随年龄增长而迅速增长。

●孩子等待父母陪他玩儿的过程，就是孩子延迟满足的过程

据专业的统计和分析，幼儿园3岁小班具有自我控制能力的人数

比率不到20%，4～5岁中班是儿童自我控制能力发展的重要转折期，5～6岁大班就有80%～90%人数比率的儿童具有一定的自我控制能力。儿童自我控制活动分为4种类型：运动抑制、情绪抑制、认知活动抑制、延迟满足。

孩子等待爸爸妈妈陪他玩儿的过程，就是孩子延迟满足的过程。3岁以后，及至更大一些的孩子，希望家长陪着一起玩，但家长工作太忙了，不能即时满足孩子的需求。这时候，家长可以给孩子一个承诺："妈妈（爸爸）……时可以陪你玩儿，你等妈妈（爸爸）的时候如果可以很乖，妈妈（爸爸）就奖励你巧克力（孩子喜欢的各种小奖励）。"家长可以用一些方式，来奖励孩子的等待。比如：一个大大的拥抱，给孩子讲故事，也可以给一些小礼物、好吃的等。这样可以训练孩子的延迟满足。

家长要注意的一点是兑现承诺，假如你一次没有实现对孩子的承诺，那么下一次孩子就不相信了。对于不能确定准确时间的情况，就不要给予孩子肯定的承诺，可以给孩子一个范围，比如"妈妈（爸爸）尽量在这个周末陪你出去玩儿，但妈妈（爸爸）不能确定是星期六还是星期天，我看看这几天的工作安排，在周五晚上跟你确定时间。你看可以吗"。

我认识一个父亲，非常忙，经常全国各地飞来飞去，而孩子特别期待和爸爸一起弹钢琴，更希望爸爸能观看他的比赛，但这个父亲很少能够参加。于是，爸爸就和孩子约定"爸爸回来的时间不能确定，但我一定在买到飞机票的第一时间告诉你，并且，我只要听到妈妈说你练琴很用功，爸爸就奖励你汉堡包等'垃圾食品'"。而平时，爸爸是不允许家中的任何人给孩子买类似食物的，所以，在爸爸不在的每一天，孩子都很努力地练琴，经常获得各种比赛的奖项，而这个爸爸也从来都兑现承诺，因为爸爸选择的奖品是24小时都可以买到的。

● 孩子不需要也做不到真正"理解"妈妈

家长最好不要用"你要理解"或者"你要支持妈妈"等这样的话。当我们能把原因说明白，孩子自然就知道了。孩子不需要也做不到真正"理解"妈妈，假如他对妈妈要求的理解"点头"了，他也是不想让妈妈失望，而他会把这当做一件很重要的事情，这就容易变成孩子的压力。"支持"更是如此，孩子弱小的身躯，如何能"支持"大人呢？他的能力做不到，但他的心会去想着要"支持"妈妈，他的身体就会帮着他去支持，久而久之，孩子的骨骼就会变得"架起来"，肩膀耸起甚至驼背。

假如需要让孩子理解你不能自主的无奈，比如加班、出差等，那么可以给孩子举例"你和小明约好了明天下午一起玩儿，可是，你不知道爸爸妈妈要带你去爷爷奶奶家，就不能和小明玩儿了，你需要怎么和小明说呢"，让孩子在和自己有关的事件中，举一反三学习理解他人。

现代的职业女性，不仅面临孩子的教育培养，也面临着自己职业的发展。家长的心境和情绪，会影响孩子的心情，也会影响孩子对待事物的态度。妈妈不能常满足孩子需要陪伴的要求是很常见的情况，妈妈需要保持一个乐观的心态，并且从不理想的状态中找到正向的意义，更可以利用这个机会来引导孩子的成长。比如，可以问孩子"你在等妈妈的时候，打算做些什么来度过这个时间啊"，以此促进孩子自主自立的培养；还可以说"妈妈在忙的时候，你可以想象一下妈妈是怎么忙的，然后可以写下来给妈妈看"，以此来培养孩子的想象力和写作能力；还可以问孩子"妈妈不能回来陪你玩儿，你的心情怎么样啊？那你也可以想象妈妈的心情，等妈妈回去以后，咱们可以交换想法"，以此来培养孩子同感共情的能力。还可以让孩子设计一下"等妈妈回来，你打算做什么游戏？然后你教妈妈玩儿啊"等。

　　学会等待、学会延迟满足、学会自我管理、学会理解他人和培养乐观的心态，这一切，对孩子的心智发展都非常重要。

孩子希望父母陪着一起玩，但父母工作太忙：

话术

- 妈妈知道你现在很希望妈妈陪你玩一会，但是妈妈手头有事情没完成，你先自己玩一会（或者让家里其他人陪一会儿，比如姥姥），妈妈保证一个小时（或多长时间，这时候可以指一下钟表）之后就来陪你。

- 妈妈（爸爸）……时可以陪你玩儿，你等妈妈（爸爸）的时候如果可以很乖，妈妈（爸爸）就奖励你巧克力（孩子喜欢的各种小奖励）。

- 妈妈在忙的时候，你可以想象一下妈妈是怎么忙的，然后可以写下来给妈妈看。

心理小知识

所谓的"延迟满足"，是指一种甘愿为更有价值的长远结果而放弃即时满足的抉择取向，以及在等待期中展示的自我控制能力。它的发展是个体完成各种任务、协调人际关系、成功适应社会的必要条件。

延迟满足不是单纯地让孩子学会等待，也不是一味地压制他们的欲望，更不是让孩子"只经历风雨而不见彩虹"，说到底，它是一种克服当前困难情境而力求获得长远利益的能力。

第五章

孩子自我管理能力强，
是在向父母口中优秀的自我做认同

让孩子可以认同一个好的自己

给孩子立规矩，就是所谓的对孩子的"教养"。教养是父母在养育孩子的过程中"教"的结果，而修养是孩子在成长的过程中将父母给予的教养内化到自己的行为中，再通过自身的成长过程自觉修为而成的。

孩子的规矩需要家长去建立并监督。但从心理学上来讲，对孩子的思维和行为，更重要的是父母的价值观和父母身体力行的影响。

●家书的启示

在20世纪80年代，风靡一时的《傅雷家书》就是一部对子女教育、立规矩的范本。书中最长的一封信长达七千多字。读者可以从字里行间感受到傅雷先生对儿子满满的父爱和对儿子成长的指引与期望，其中更包含了他对国家和世界的高尚情感。

20年前，我曾经淘到一本书，是梁启超先生给子女们的家书，家书内容之细致，令我慨叹梁启超先生是怎么在关注国家命运大事的同时，还有那么多的精力关注到孩子们生活、学习、婚姻、事业、彼此关系的细微之事的。

在梁启超先生的400多封家书中，你可以看到其家庭教育成功的重要因素，是将中国文化"修身、立德、养性"等传统做人之本的教育理念，与现代西方文化教育结合，将德育、智育、情感教育融为一体。你可看到梁启超先生的用心之良苦。苍天不负有心人，他成就"一门三院士，九子皆才俊"且子女文、理、工兼备的佳话。梁启超先生被称为"史上最成功的父亲"。

● 立规矩不仅是对孩子有要求，家长的所作所为更重要

所以，在孩子的成长之路上，家长要学习如何培养孩子良好的行为。小孩子从三岁开始，甚至更小，就可以根据孩子的年龄和生活环境立规矩了。家长可以直接告诉孩子在什么时候应该怎么做。比如，"在外面和妈妈说话要小声，可以在妈妈耳边小声说，妈妈能听见的""和别人说话要看着对方的眼睛，声音要清楚""不可以和别人要东西，想要的话，可以和妈妈好好说"。

而立规矩不仅是对孩子有要求，家长的所作所为更重要。

我一个朋友的儿子不和大人打招呼，是因为做妈妈的从小带着孩子到处参加饭局，从来没要求过孩子叫人，自己也是遇到人很随意

的，有时在饭局开始后，被人说"诶，我来半天你都没理我啊"，她这才笑笑说"啊！对不起啊，你看我这忙着跟这个那个说话呢"。

有的老人带着孩子，一边推着儿童推车，一边给孩子播放儿歌，声音很大，这个行为其实就给孩子造成没有界限的感觉，让孩子觉得在公共场合发出很大的声音是正常的。我不记得是在哪里看到的文字了，只记得是父亲和孩子的对话。大致的意思是：女儿问父亲为什么人要说话和交流，父亲说，你看这世界上那么多的鸟儿在叽叽喳喳，它们需要表达，需要和其他的鸟儿交谈；女儿又问，那为什么人还需要不说话，父亲说，你看天上的星星那么安静地闪着光，它们需要思考，思考的时候是需要安静的。所以人在需要说话的时候要会说话，人在需要安静的时候也要学会安静。

这个对话，可以让我们在教育孩子如何在适合的场合发声，什么时候安静时借鉴。

孩子会学习大人的行为，等到孩子再大些，被外人说起没礼貌时，家长再提醒孩子，孩子已经不愿意听了。

●让孩子可以认同一个好的自己

教育孩子、给孩子立规矩，不仅仅是父母的责任，孩子的爷爷奶奶、姥姥姥爷，甚至姑姑叔叔和舅舅姨妈等，都有责任。孩子在幼儿园会学会一些规矩，家长需要和老师保持一致；孩子上学后，如果质疑学校的规矩、老师的要求，会向家长提出疑问。家长可以问孩子"是不是老师的要求让你有什么不舒服呢"，如果孩子说是，家长可以说"我理解你的感受，被束缚的感觉确实不舒服。但是，我们慢慢长大，就需要在相应的场合遵守这些规矩，这可以让你成为更优秀的人"。

比如孩子不讲卫生，晚上迟迟不刷牙也不洗脸，这或许是在和家长"博弈"而体会反抗的快感，或许是以此获得家长的关注，或许是想在和家长的较量中得到更多和父母在一起的时间。家长可以在调整与孩子相处模式的同时，对孩子说"一个讲卫生的孩子，一个自觉讲卫生的孩子，一个干净的、味道好闻的孩子，是让人愿意和他友好接近的"。甚至可以什么都不说，而当孩子自觉洗漱之后，环抱着孩子说"嗯，你这么干净，是一个很美好的孩子啊！我喜欢"，让孩子感受他的所作所为可以得到父母的赞赏，让他可以认同一个好的自己。

家长如何有效地给孩子立规矩：

话
术

● 在外面和妈妈说话要小声，可以在妈妈耳边小声说，妈妈能听见的。

● 和别人说话要看着对方的眼睛，声音要清楚。

● 不可以和别人要东西，想要的话，可以和妈妈好好说。

● 嗯，你这么干净，是一个很美好的孩子啊！我喜欢！

立好规矩之后，孩子不好好遵守：

没有不想遵守规矩的孩子，只有不了解孩子心思的父母

孩子的规矩是慢慢养成的。家长立规矩给孩子，孩子也会看着父母等大人的行为。家长不身体力行，孩子是不会遵守规矩的；家长给孩子立了规矩，之后不闻不问，孩子也不会坚持；孩子遵守规矩，家长视而不见，没有及时表扬，还会时不时再"敲打"一下孩子，孩子委屈又伤心，于是干脆不遵守了，也有之。

●家里的每个亲人，都会是孩子行为的榜样

无论家长有没有给孩子立规矩，孩子都是有榜样的。这个榜样就在家中，而且不是一个。只要是亲人，比如孩子的祖父母、父母的

兄弟姐妹，他们的行为都被孩子看在眼里，记在心里。这些亲人的行为，已经被孩子的父母熟视无睹，不会有任何的批评或质疑，孩子就会跟着学。因为在内心里，孩子只认自己的父母，父母接纳的，孩子就视为可以。

比如，家长说孩子"吃菜不许满盘子乱扒拉"，可是偏偏舅舅来家里吃饭是这样，于是孩子也跟着学，家长给孩子定的规矩就前功尽弃。

曾经有一个案例。我们在企业上课，有一个妈妈说"我的孩子每次吃饭都要看电视，怎么说都没用"。细问之下才知道，原来孩子的爸爸近半年派驻单位的外省办事处，姥姥和姥爷过来帮忙带孩子。而孩子的姥姥姥爷一边吃饭一边看电视。可是这个妈妈只敢说自己的女儿，不敢说自己的父母。所以，孩子根本不会听话，因为她知道，妈妈也要听她自己妈妈的话，如果这个妈妈试图去制止自己的父母，不仅不奏效，还要惹得老人家不开心。

这时候，我们告诫年轻的父母，如果夹在孩子和老人之间，可以悄悄把老人请到另外的房间，恳切地和父母讲"孩子还在长身体，边看电视边吃饭对消化系统的发育不好。可是，我不能当着孩子的面说长辈，所以请二老配合一下，避免孩子学着一边吃饭一边看电视。你们看怎么样"，一般情况下老人都是可以理解并支持的。

● 没有不想遵守规矩的孩子，只有不了解孩子心思的父母

孩子不遵守规矩，多数不是这个规矩让孩子守不住，而是另有其他的原因。依旧是上面的个案，在之后的交谈中，我问这个妈妈："如果吃饭不看电视，你希望她怎么吃饭？"

这个妈妈说："那就好好吃饭吧。"

我又问："好好吃饭是怎么吃？"

妈妈回答："好好吃饭就是不说话，自己吃。"还比划着。

我说："好好吃饭感觉很没意思啊！"妈妈吃了一惊！

我接着说："孩子一天没有见到妈妈了，想和妈妈说话，想和妈妈亲近，可是妈妈一回家就吃饭，还不让说话，这多难受啊！"

所以，孩子会用自己的方式"勾引"妈妈说话，而且如果孩子不听话，妈妈还会拍打孩子的后背和胳膊，妈妈的手好亲切啊，打几下又不是很疼，那么何乐而不为呢！所以，孩子"权衡利弊"，觉得还是不遵守规矩可以得到的好处更多——反正守了规矩，既难受又得不到表扬，妈妈似乎看不到，如果不遵守规矩，妈妈反而多看我几眼，还要盯着我和我说话，还可以在被妈妈拍打的时候，感受妈妈手的温度，甚至我还可以拉拉妈妈的胳膊、抱抱妈妈的腿、搂一搂妈妈的腰，这个感觉好舒服啊……

孩子的小心思其实就是想要获得妈妈爸爸的关注。不能用正向的行为获得父母的关注，就会用大人觉得不好的行为获得父母的关注。包括"反抗期"的孩子也是一样，父母没有关注到他心理的需求，而是整天盯着他最不喜欢被盯着的方面，孩子就会生出许多事端，让父母来"关注我的心情、关注我的身体"。

所以我们说，没有不想遵守规矩的孩子，只有不了解孩子心思的父母；没有逆反的孩子，只有逆反孩子长大的父母。

跟孩子立好规矩之后，孩子不好好遵守，家长不要着急想着怎么督促，而是看一看孩子的需要是什么，可以这样问："我发现，咱们定好的规矩，最近似乎没有在你身上见到它，是不是对那个规矩有什么想法呢？"由此展开和孩子的对话，发现问题，听到孩子的心声，然后和孩子一起商量着改善。

家长不要急于求成，要给孩子时间，也给自己时间。而且，偶尔的不守规矩也是正常的，就像大人会原谅自己偶尔犯懒早上不起床、不做饭、不洗衣服是一样的。孩子一定有自己的原因，也一定期望父母的宽容。

任何事物都是"螺旋式的上升，波浪式的前进"，只要避免大的危险和过失，可以不那么追求完美，因为世界上本没有完美，而追求完美本身就是不完美的。

立好规矩之后，孩子不好好遵守：

话
术

● 我发现，咱们定好的规矩，最近似乎没有在你身上见到它，是不是对那个规矩有什么想法呢？

● 我发现你今天（某某事情）做得很好，你是怎么做到的？你可以继续吗？

● 昨天你和妈妈的约定你今天打算什么时候去做呢？哦，这么棒！你已经打算去做了，来拉个勾勾！妈妈相信你！

● 我相信你是有自己的打算去坚持做下去的，如果你想和妈妈分享做好的感受，妈妈很愿意听的。

心理小知识

　　奥修说："寻求关注——那是人类的弱点，一个积重难返的弱点。这是因为他不了解他自己，他只能透过别人的眼光才能看到自己，唯有借由别人的意见才能找到自己的性格，别人的意见事关重大。别人的忽略与置之不理令他失落。如果别人对你视若无睹，你所拼的不自然，它是很做作又反复无常的东西。"

　　在亲子关系中，孩子为了得到父母的关注，会做出各种不同寻常甚至古怪的行为，让父母看到并有反应，如果父母不及时给予正向的反应，孩子会一直寻找并使用那个让父母看到自己、接近自己、在自己身上停留的行为，无论你对他的态度好坏！直至你的反应足够强烈，让他感觉到他的重视。

当孩子说"我想再玩一会儿"：
孩子在和限制他的家长争取"支配权"

"不，我要再玩一会儿！"当孩子提出这个要求的时候，家长应该怎么办？

首先，会问这个问题的家长是常常陷在孩子的这种要求中而无能为力的。并且在孩子不断"得寸进尺"的要求中，屡屡感受到挫败。

可是，"想再玩一会儿"的前提，一定是家长说"别玩儿了，该回家了"，而不是孩子自己说"妈妈我玩儿够了，咱们回家吧"。所以，这种情况看似是孩子没玩儿够，实则是孩子没有自己决定是否玩儿够的权利，他在和限制他的家长争取自己的权利。

●自由自在地玩儿，是孩子对自我支配欲的需要

不受父母的干扰，自由自在地玩儿，是孩子对自我支配欲的需要。很多孩子，父母越是限制他玩儿，他越是要玩儿。而你越让他玩儿，他反而觉得没意思了。也有的孩子只是想通过"没玩儿够，我再玩儿一会儿"来宣示自己对自己的主权。

当孩子说"我想再玩儿一会儿"的时候，家长可以听听他想如何再玩儿一会儿，在可以接受的范围内让孩子自己做个决定。"那你觉得再玩几分钟可以呢"或者"那再让你玩10分钟，咱们就开开心心回家好不好？说话要算数哦，这样下次妈妈就可以放心让你做决定啦。"

●家长要学习把支配权交给孩子

家长可以怎么做呢？有两种方式可以选择：

第一，答应孩子随便玩儿，前提是要求孩子把应该做的作业先做好。约定之后，家长和孩子都不能反悔。

第二，和孩子约定每天放学后固定放松多长时间，然后写作业，直到保质保量完成所有作业。剩余的时间，留给孩子自由支配。

选定之后，要定期评估——比如一周一次，和孩子谈谈心得，"这样的安排你觉得好吗""这一周你是否开心"。家长还要对孩子谈谈自己的感受："这一周我觉得很轻松，因为你自己可以管理好自己，我觉得我可以有时间做我想做的事情，咱们家真好，真幸福！"当孩子有了对自己的评估的时候，家长可以和孩子一起商量改进时间安排。

　　总之，把支配权交给孩子之后，去找孩子表现好的地方，加以强化，忽略孩子做得不如意的地方，你看不见，就给孩子得以"喘息"的机会。

　　玩儿，是孩子的天性。发展心理学认为，孩子在幼儿期，主要的任务是游戏，游戏对儿童心理发展的意义是深远的。但是，现代社会的儿童在成长的过程中，游戏已经被功利化，甚至于被学习知识取代、被竞争取代，孩子还没有在游戏中汲取充足的养分，便被提早结束了游戏的乐趣。所以，"没玩儿够"的孩子，没在游戏中"吃饱"的孩子，就带着对游戏的"饥饿感"进入了真正学习知识的阶段，反而难以全情投入学习。

当孩子说"我想再玩一会儿"：

● 那你觉得再玩几分钟可以呢？说话要算数哦，这样下次妈妈就可以放心让你做决定啦！

● 这样的安排你觉得好吗？

话术

心理小知识

　　游戏是儿童快乐的源泉，是促进儿童认知发展和社会交往的重要途径；游戏是儿童参与社会生活的特殊形式，儿童通过游戏实现自我价值，体现创造性能力；游戏是儿童高级心理活动的原动力，可以培养儿童的健全人格；游戏有利于儿童的身体，可以增强体质；游戏对于儿童身心健康发展有着极其重要的作用。

孩子晚上不睡早上不起：

时间观念是表象，真正的原因是孩子在寻求父母的关注

　　看过一篇报道，科学家研究证实：智商高的人都是晚睡晚起的。感谢这篇文章来得及时，我们可以为自己晚睡晚起找借口了。

　　但家长最担心的是孩子晚上不睡，第二天还要早早起去上学，睡眠不够，对身体不好；睡眠不足，上课睡觉，听讲不好，学习受拖累，老师还会找家长。总之，晚睡害处多多，父母每天唠叨，孩子每天故我，似乎成了一个"家庭游戏"。

●孩子晚上不睡，早上不起，都是寻求父母关注的表现

　　记得一个家长说他的孩子，每晚睡觉都要催，都要催促他刷

牙、洗澡，每晚和"打仗"似的。我问这个家长，孩子一直都这样吗？有没有不用催，自己乖乖上床睡觉的时候呢？家长想了想说："刚上学那半个月。"

我又问这个家长："那半个月孩子表现那么乖的时候，你们是怎么对他的？"

家长说："我们就不管他了，他那么自觉，我们可以自己看看电视手机什么的，很轻松啊！"

好，问题来了。假如你是一个孩子，你很乖、很自觉，你得到的是父母的忽略，甚至于你希望父母帮一下忙，他们都会说"你不是自己能干嘛"。如果你是孩子，你喜欢这样的情境吗？又假如，作为孩子，你晚上不自己去洗漱、不去睡觉，你获得的父母态度是什么呢？他们可能全跑过来了，还要推搡着你的肩膀，甚至打你的小屁股一下，你是不是很开心爸妈和你互动呢？是不是很开心他们和你有肢体的接触呢？如果，作为小孩子，你再撒撒娇，说睡不着，要妈妈搂着，是不是更开心了？于是，每天你要是不这样闹一出，把爸爸妈妈调动起来，是不是就觉得被忽略，而且很没有意思呢？

如果我是小朋友，我晚上不睡早上不起，就可以获得爸爸妈妈的许多关注。很美好啊！至少他们都围着我转悠，这表示他们很重视我。我得不到爸爸妈妈来自觉地重视我，我是有办法调动爸爸妈妈重视起来的。

所以家长们，你们上当啦！孩子的种种表现，其实都是在寻求你的关注。有的家长问："是不是孩子对洗漱、准备入睡的时间没有概念呢？"其实在这里，时间观念是表象，真正的问题都是孩子在用自己的方法寻求父母，尤其是母亲的关注。解决了根本的问题，孩子就会乖乖入睡了。

● 学学"虎妈"，在睡前给孩子一点多巴胺

还记得前些年风靡世界的美国华人"虎妈"吗？大家都知道"虎妈"让两个女儿学习和弹琴，近乎严苛。但你可能不知道"虎妈"每天晚上都会和孩子在床上滚在一起大声笑闹，然后让孩子们心满意足地睡觉。大笑是可以让大脑分泌多巴胺的，多巴胺可以促进睡眠。这么好的"助眠药"，家长们可以去试试。

具体怎么做呢？

每天晚上入睡前，依旧是让孩子洗漱，但不是催促，而是制造快乐的、有肢体接触的洗漱程序，比如父母和孩子互相帮助洗洗脸、洗洗脚，增加肢体的接触，缓解一下我们一天工作和学习之后肢体的疲劳，给"饥饿的"皮肤吃点儿那个叫"抚摸"的"营养品"。抚摸、亲吻和愉快的肢体接触同样也促进大脑分泌多巴胺。可以上床睡觉时，妈妈或爸爸做一做肢体游戏，比如，比一比谁踢得高，比一比谁的脚大等。并且可以和孩子簇拥着讲讲故事，让孩子在父母慈爱的滋养下入睡。

家长可能担心孩子会依赖上这样的场景，如果有依赖，就是孩子觉得父母的爱抚没有让他"吃够、吃饱"，当孩子"吃饱"了，就不会纠缠父母了。孩子到了一定的年龄，他的自我意识成长了，有了独立意识，他会很自然地追求独立的空间，不需要父母像小时候一样的呵护与陪伴，因为，他的安全感足够，他知道父母无论怎样都是可以给到他爱、支持以及物质与心灵的补给的。

　　早上起床也是同样的道理，把孩子"吼"起来是一种方式；去到孩子身边，一个吻、一个拥抱、一声轻唤，也是一种方式。换成家长自己，你喜欢哪一种呢？看到这里，家长知道了怎么把孩子从床上"叫"起来了吧。当孩子被父母爱够了，他长大了也许会有青春期的害羞与独立，你早上不用叫，他自己就会一骨碌爬起来了。

　　每个孩子都是需要父母给予爱和关注的，每个孩子都在父母的关注与爱抚中获得安全感。所以，睡觉和起床这件事，没有那么困难，可以很愉快的进行。

老人过度溺爱孩子，父母如何劝阻：
整理好家庭关系的边界

　　中国人有"隔辈疼"之说。意思是指老人疼爱孙辈胜于疼爱自己的子女。"隔辈疼"的原因各自不同，在现代社会，老人的"隔辈疼"，其"补偿心理"胜于血脉传承的心理。

●老人的补偿心理体现在隔代抚养上

　　"补偿心理"是指人们因为主观或客观原因引起不安而失去心理平衡时，企图采取新的行为与表现，借以减轻或抵消不安，从而达到心理平衡的一种内在要求。补偿心理是调整心理平衡的一种内在动力。

老人在隔代抚养上的补偿心理，一般有两个方向的表现。

第一，对自己。年轻时因工作原因或其他原因，错失了陪伴子女长大的时光，现在通过帮助子女带孩子，重新体验抚养孩子的感受，这也被称为享受"天伦之乐"。虽然这种"乐"中夹杂着辛苦和劳累，但老人会更看重从中得到的满足。而且，老人越觉得自己年轻时吃的苦多、失去的多，对孙辈就越疼爱有加。

第二，对子女。当年，自己不能给予子女的，比如陪伴、物质满足、好的生活环境和好的教育等。现在希望通过帮助子女照顾孩子，能够将自己年轻时期对子女的亏欠、愧疚和遗憾更多地补给到子女的孩子身上。

而生活条件的改善和经济状态的好转，让老人们有更多的条件去弥补曾经的遗憾。而且，孙辈越少，他们也愈加珍惜；越珍惜，他们就越"溺爱"孙辈。而且双方老人——爷爷奶奶和外公外婆还在追着付出，造就了"四老养孩子"的竞争心态——爱的追加、付出的追加。

● 所谓"溺爱"的评价，多是来自孩子父母内心的感受

但何谓"溺爱"呢？"溺爱"的评价标准是什么呢？仁者见仁，智者见智。有人说，过分满足孩子的要求，就是"溺爱"。但什么是过分满足呢？是你不要我也要给你吗？这个问题也是没有一定标准的。是有许多的孩子被老人宠溺着，出现很多"小王子""小公主"。但也有很多老人带大的孩子，他们更懂得感恩，更懂得从别人的角度

理解他人。

而且，同样是在讲老人"溺爱"，当你把各个家庭的故事集合在一起，当家长们相互交流时都会发现，在这家出现的所谓"溺爱"的情形，在另外一个家庭中只是平常之事，并不觉得是"溺爱"。所以，这个"溺爱"的评价并没有一个统一的描述标准，更多在于作为孩子的父母，他们内心的感受。而这个感受，多来自年轻父母和他们父母的关系。

当一个成年人和自己父母关系没有厘清的时候，他们在处理隔代抚养的问题上，便多处于被动状态。他们也会歉疚自己不能满足父母想要"天伦之乐"的愿望，于是，看到自己的父母在对待孙辈过分疼爱的时候，便生出许多的不满，却又不能也不敢去反抗。这也可以说是对于抚养和教育孩子的权力之争。年轻的父母好不容易自己成人，有了自己的孩子，还要承受自己父母对自己和自己孩子的"双重控制"，所以就对老人带孙辈的方式愈加反感和反对。因为他们不希望让自己的孩子成为第二个自己。

● 家庭关系中的多头管理，让孩子无所适从

有一个电视节目，主持人问3岁多的小朋友，"你姥姥几个孩子呀"，小朋友说"我姥姥有两个孩子，我和我妈"，全场哄堂大笑，但这个小朋友却是一语道破了隔代抚养的真实现状。也为家长们看待老人"溺爱"孩子，打开了一扇另眼看这个问题的窗口——家庭关系。

我们在临床咨询中看到，三代以上的家庭，许多所谓的因老人的

"溺爱"而出问题的孩子很少，反而是由于家庭中彼此关系的错位而导致孩子的问题更多。怎么讲呢？就是说正常的家庭关系是分层的，第一层是年轻的父母，即夫妻关系；第二层是年轻的父母和他们孩子的关系，也称亲子关系，在这层关系中，由于关系有三条线，即夫妻、母子女、父子女，所以在这一层上形成了三角形的关系；第三层就是祖父母辈与这个三角形的小家庭形成的关系，这种关系是在这个核心家庭之外的一层关系。人类有着复杂的想法和动机，所以，我们在系统连着系统的大家庭里，彼此间有着勾连搭接的交错，使我们家庭中的关系变得异常错综复杂。简单说就是，我和你的关系未必是我和你的关系，有可能是因为其他人而改变的我和你的关系。

举个例子看一看：

妈妈和孩子本来很愉快，姥姥和孩子本来也很愉快，但妈妈看到孩子对姥姥说话不恭敬，比如"哎呀，姥姥！我都说了不吃了，不吃了！您烦不烦呀"，姥姥因为"溺爱"外孙，不觉得怎样，还笑呵呵的。可是妈妈看不惯了："这孩子怎么没大没小。"妈妈开始批评孩子，孩子不以为然，也对妈妈产生了不耐烦的表现，姥姥看孙子不高兴了，又来指责女儿，女儿因此对老人不满："这孩子都是被您惯坏了。"老人更加不高兴："我怎么惯坏了，没你我们俩好着呢。"孙子也不满意妈妈："我怎么就被惯坏了，我怎么就是坏了？"这一家子三代就乱了。如果孩子的父亲和姥爷再加入，那就更热闹了。如果是用线条表示关系的话，我想，一定会被画成一团乱麻的。

　　所以，在老人带孩子这件事情上，"溺爱"本身不是问题，因为对"溺爱"的理解不同，而造成的家庭关系的矛盾，才是孩子某些行为问题出现的诱因，这是真正需要我们家长重视的。

　　在家庭关系中，两代共同抚养孩子，容易给孩子造成"多头管理"的弊端，就好比一个部门有几个经理而员工只有一个，而且经理们的意见还不统一，那么这一个员工听谁的呢？同样，在家庭中，一个孩子，要受到2～6个甚至更多人的指指点点，那这个孩子就无所适从了。

　　解决这个问题的最简单方法，就是让孩子的父母能够"立起来"，尤其是妈妈。一个做主的妈妈可以让孩子自信，一个没有话语权的妈妈会让孩子觉得自己没有出路。当妈妈的可以不赞成老一辈的观点和做法，但可以尊重他们的付出，可以对老人每天回家说一声"谢谢爸妈！你们今天辛苦了！我下班了，孩子交给我，你们休息放松一下吧"，转而对孩子说"妈妈回来了，今天听爷爷奶奶话了吗？嗯！宝宝真懂事，知道尊重老人家呢！真好"。

　　中国是一个高语境沟通的国度，孩子从小就在比较含蓄的语言环境中长大。妈妈在暗示孩子"听爷爷奶奶的话是一种尊重"的同时，也在表达你对孩子的主导权。这样，就潜移默化地把家庭关系的边界整理出来了。

老人过度溺爱孩子，父母如何劝阻：

对老人：

● 爸妈，我知道您们疼爱孙子，但我们更希望您们能对孩子要求严格一些。不是有"娇儿不孝"的话吗？我们希望孩子懂得孝敬您二老。

● 谢谢爸妈！你们今天辛苦了！我下班了，孩子交给我，你们休息放松一下吧。

● 爸妈您们照顾孩子很辛苦，正好孩子睡了，您们看看咱们是否用一点时间讨论一下怎么统一对孩子的教育，可以吗？

● 爸妈，我们知道您们疼爱孙子孙女，但我们完全支持您们对孩子严格和严厉一些，这样他们走向社会才懂得规矩、不受惩罚。您们不是把我们教育得很好嘛。

对孩子：

● 我看到爷爷奶奶对你做什么都允许，能告诉爸爸妈妈你的感受是什么吗？（了解孩子的感受和想法很重要）

● 你看，爸爸妈妈是不是很棒？那是因为我们小时候，爷爷奶奶（姥姥姥爷）对我们要求很严格，我们也很听话，爸爸妈妈才会这么棒的！

话术

孩子喜欢宅家，怎么让孩子走出家门：
从孩子不喜欢的事物中找到在意的事

　　现在许多孩子都喜欢宅在家里不出门。如果是恶劣的天气，还可以理解，但阳光明媚、风和日丽、不冷不热的气候，许多孩子依然宁可待在家里、室内，也不愿意出门。

　　一个周末，我邀年轻的朋友们来家聚会。午餐后，我提议大家下楼在小区的花园走走。家长等着孩子表态，孩子盯着手机屏幕摇头，一个大姐姐说不想下去，孩子们就都窝在沙发上、躺在地毯上慵懒着。我由衷地感叹："这些孩子们真待得住啊！"

●孩子的行为首次是模仿大人，其次是家长的促成

　　一些因孩子学习状态问题前来咨询的家长，也在"诉苦"孩子不

愿出门，就窝在家里看电脑、玩手机、打游戏。

孩子不喜欢出门，也是近些年的普遍现象，手机上"抖音"的出现，吸引了甚至小到几个月的孩子。有视频显示，家长从七八个月大的孩子手中抽走手机，孩子立刻哇哇大哭，当家长把手机送回到孩子手中，那个小宝宝，眼泪还挂在腮上，马上就双眼紧盯屏幕、默不作声了。

孩子的行为首先是模仿大人，其次是家长的促成。

现代网络的发展，很大程度吸引了孩子的注意力，孩子在有限的休息时间里，不愿意室外活动占据上网、玩手机的时间。而许多家长也会给孩子限制活动、运动的时间，我曾问过一个几乎不去上学也不交作业的初中男孩儿，他说他没有喜欢的事情，他对什么都不感兴趣，觉得什么都没意思。我转而问他"假如有一天你从梦中醒来，你忽然有了一个喜欢的运动，我说的是假如，你想想那会是什么"，他说"打篮球"。我又问他"那你怎么样才可以去打篮球，让自己开心呢"，他这才告诉我，原来是他父母觉得他打篮球耽误学习，把他的篮球给弄坏扔了。

我们的中医经典《黄帝内经》中已经总结出，人在儿童与少年时期，身体的能量聚集在下肢，喜欢跑跑跳跳。孩子经常进行户外活动，是符合生长发育规律的。从心理健康上说，孩子窝在家里，就会减少和同龄孩子接触的机会，不利于孩子同伴关系的发展，也不利于孩子社会化交往的发展。从心身健康的角度，孩子正在成长的重要阶段，身体聚集的能量需要通过身体的运动释放出去。而当孩子窝在家里，身体的能量不能通过肢体的运动，以及和小朋友们追跑、笑闹、喊叫等释放出去，那能量就会在体内淤积，就容易在情绪上累积，也容易在情绪上释放。如果家长又限制孩子情绪的释放，那么，孩子体内积累的能量就会通过生病而进行释放。

● 从孩子不喜欢的事物中，找到在意的事情

假若家中的大人想要带着孩子出门走走，不管孩子是否愿意，就是想办法把他带到室外，孩子会很开心地玩起来。就连小狗都喜欢在室外花草间。可见，亲近大自然是动物的天性，也是我们人类的本性。

孩子不喜欢出门的原因各不相同，家长可以从孩子不喜欢的事物中，找到在意的事情，并加以帮助和改善。在语言上，家长可以这样引导孩子，说"运动可以让我们长得更高、更漂亮、更健康，如果你要是挑一样运动，你会选什么"，孩子有可能一时选不出来，家长可以告诉孩子自己喜欢的运动，比如爸爸喜欢打篮球，那么，爸爸一定要告诉孩子"你知道吗？爸爸像你这么大的时候，一开始就是打不好，投篮不进，后来我的爸爸就陪我练，现在我还不错，要是你陪我练练，很快你就能打过我了"。

孩子在身心成长和快速发育的时期，家长不只是要敦促孩子不要总窝在家里，更是要身体力行地陪伴，可以帮助孩子协调好时间，让孩子轻松走出家门，开心地和小伙伴在安全有保障的环境中，找回孩子的天性。家长的陪伴也可以保证孩子的安全，同时家长可以教孩子们一些自己小时候玩儿的运动或者陪伴孩子跑步、打球，在运动中增进亲子关系的发展。

孩子喜欢宅家，怎么让孩子走出家门：

● 孩子不喜欢出门，宅在家里，家长可以让孩子帮忙做一些外出的事情，如"帮妈妈下楼买××""你去把垃圾扔一下"或"你陪我出去一趟"。想办法让孩子动起来，孩子回来后可以问"你这一路有什么有趣的事情吗"或者"你出去有没有看到那个水池里放水了（某人或小动物或某样东西）吗"，以此激发孩子对外部世界的兴趣。

● 运动可以让我们长得更高、更漂亮、更健康，如果你要是挑一样运动，你会选什么？

● 你知道吗，爸爸像你这么大的时候，一开始就是打不好，投篮不进，后来我的爸爸就陪我练，现在我还不错，要是你陪我练练，很快你就打过我了（依据进行的运动变换语境）。

心理小知识

有脑专家研究发现，运动可以提升学习力。通过跑步、打球等全身的运动，心跳加快，并快速把带氧的血液运送到大脑中去。通过运动，还可以促进大脑神经传导物质的分泌，比如：血清张素、正肾上腺素、多巴胺等。这些物质还可以改善人们的情绪和心情，使得我们情绪正向高涨、心情愉悦开朗。并且运动还可以提高孩子的注意力，提高动机和动力，优化心智，促进神经细胞的连接，让大脑思维更灵活、更活跃等，好处不断。

孩子做什么都问爸爸妈妈的意见，依赖心强：
及时给予孩子的"成长力"以释放的空间

　　孩子做什么事情都问爸爸妈妈怎么办，通常会让父母觉得孩子是没有主见，家长很少会想到孩子的心理需求。这些家长没有看到的心理需求，或许不是想获得父母的帮助，而是孩子想达成自己的一些愿望。

　　家长会问，孩子这么小，真的会有这样的心机吗？不，孩子不是有心机，而是当他的心理需求无法用语言来表达时，就会用"示弱"的方式表达。

●孩子有依赖心理，是需要家长改变自己的"育子观"的

　　当孩子丢三落四的时候，通常是父母代劳过多不放手的结果。孩

子的行为几乎是被家长"培养"的。

家长从孩子出生，到逐渐长大，你替孩子做的越多、做主的越多，孩子能做的越少、自主能力就越少且依赖心理就越强。

有一种情况是家长的期待很高，超出了孩子年龄可以承担的范围，孩子无所适从，干脆"撂挑子"不干了，孩子就越不能做好他该做的事。比如家长告诉孩子现在不好好学习，将来就不可能考上博士，就不能成材；比如告诫孩子要好好学习，长大才能自立等。孩子对于这些大人的世界还没有能力，更没有心理能力去面对。当压力大于能力许多的时候，这个人是可以被"压垮"的。

再有一种情况是家长的批评过多，孩子不仅有抵触心理，更不知怎样做才能让父母满意。孩子担心自己怎么做都会遭到来自父母的挑剔、指责、不满意，这容易出现在高学历、高能力、高职位的父母身上。父母太过能干、聪明、精明，并且处处在孩子面前显示出"你逃不过我的法眼"，孩子就没有或不敢有独立的思考方式和能力。

美国教育家布克梅尼斯特·富勒说："所有的孩子生来都是天才，但大多数孩子，在他生命最初的6年里，天资被磨灭了。"

孩子的丢三落四、依赖心理，是需要家长改变自己的"育子观"的，要允许孩子没那么完美、允许孩子不那么周全。家长需要鼓励孩子"你是独特的，是有你自己的长处的，相信你能成为你想要的自己的"。

●孩子在潜意识中，会尽量配合父母的言行，而把自己的需求压抑

我们说所有的孩子都是忠实于父母的。他在潜意识中，会尽量配

合父母的言行，而把自己的需求压抑。我的咨询个案中有个女孩子，她爸爸在外地工作，只有妈妈和她在家，如果她放学不及时回家，妈妈就会着急。在咨询中，我问她自己最想做的事情是什么，她望着母亲，问："我可以回答吗？"这时候，她的妈妈好奇地看着她问："你怎么这还要问我啊？你这孩子怎么什么都问我啊？"孩子顿觉委屈，说："我不问你行吗？你总是要我照你说的做，我敢说不吗？我就是想每天放学能在学校玩儿一会儿，可你不是说我要是放学不马上回家，你就会担心死了、你就会很孤独吗？！……"说着，眼泪就流下来了。

孩子有自己的愿望和需要，可是又怕父母不高兴，孩子就会产生心理冲突，于是孩子就"裹足不前"，事事都要看父母的脸色。

还有的孩子，因为爸爸妈妈都在顾及自己的事情，比如工作很忙，回家很晚，很少和孩子在一起。那么，孩子在找爸爸或妈妈问"怎么办"的时候，就可以有足够的理由和父母接近，并且也可以引起家长的担心，就会对孩子关注得多一些。孩子会想出各种办法，让爸爸妈妈知道他有多么需要他们，自己的愿望终于满足了就很开心。假如这种方式灵验，孩子就会把这个行为变成日常。假如父母烦了，那么孩子就会发展出其他的方式，比如不上学、生病、在学校闯祸等，再度寻求父母的关注。

面对这样的孩子，家长需要反思自己是否忽略了对孩子的陪伴，可以和孩子交流一下："是不是希望爸爸妈妈多陪陪你呀？你希望怎么多陪你呢？"

也有因为爸爸妈妈比较强势，孩子平时一有自己的主见或自作主张的行为，就会遭到否定和批评，甚至打骂，久而久之孩子怕了，于是干脆放弃了自己做主的权利，转而交给父母，这样他就不担心会出错了。

　　我曾经为参加一个名车车友会的各位家长和孩子分别做心理讲座。家长都是各路精英，开着豪车，都是成功人士。当我给孩子们做心理游戏的时候，我把房门锁上，让孩子们通过绘画来表达她们的心理状态，并逐个讲解他们画的是什么。结果，游戏课程变成了"吐槽大会"，孩子们在我重复保证下，才开始畅所欲言，兴奋地七嘴八舌。我对孩子们保证说："你们说的我都记下来给你们的爸爸妈妈看，让他们了解你们的想法。你们怕爸爸妈妈知道是谁写的，没关系，你们说我来写，这样就保证你们的爸爸妈妈不知道是谁提出来的了。"有的孩子马上回应说："我妈那么精明，肯定能猜出是我说的，回家还不得变本加厉地管我！"其他好几个孩子跟着附和。可见，孩子们是"谈妈色变"啊！

● 家长应及时给予孩子的"成长力"以释放的空间

　　了解了这些信息，家长就应该可以更多地理解孩子的做法了。我们可以在孩子问"怎么办"的时候这样说："宝贝，这件事情，妈妈觉得你一定有自己的主见，如果把做决定的权利交给你，你看看你会怎么做呢？"家长可以象征性地给予孩子一个类似"权杖""大印"之类的东西，通过象征性的行为，给予孩子暗示，让他学会自己拍板。至于决定对错与否，家长都不要批评孩子，而是和孩子探讨其他的可能性，可以说"嗯，你的想法很有创意，可是，妈妈还有一些疑问（把疑问讲出来），你看怎么解决呢？要不，你再想一想新的办法可以吗？或者，咱们讨论一下呢"，这样逐渐训练孩子的自主能力，并且在这样的互动中，可以增加父母和孩子相处的时间和趣味，让孩子慢慢从寻求父母关注的不安中获得安全感。

　　孩子的身体发育是可见的，同样，孩子的大脑也在飞速地成长，孩子各方面能力的增强，每个月甚至于每天，都会有不一样的进步。其认知和思维在儿童时期，成长发育之快，会让家长猝不及防。这种成长是不受大人控制的，但大人很怕孩子的成长在自己的控制之外，会失控。所以，很多父母会在孩子自主能力增长的时期加以约束，那么孩子的自主性就被压制住了。

　　老舍先生说："人的茅塞是一顿一顿开的。"希望我们的家长在孩子每个"茅塞顿开"的时刻，及时观察到，及时给予孩子的"成长力"以释放的空间。允许孩子在他能力"长大"的时候，也让他的主见"长大"。

话术

孩子做什么都问爸爸妈妈的意见，依赖心强：

● 宝贝，这件事情，妈妈觉得你一定有自己的主见，如果把做决定的权利交给你，你看看你会怎么做呢？

● 你的想法很好啊，爸爸妈妈都没想到，你是怎么想到的呢？

● 嗯，你的想法很有创意，只是我还有一点不明白，你能给我具体讲讲吗？

心理小知识

依赖型人格亦称"依赖取向"，是弗洛姆提出的人的五种社会性格之一。其显著特点是缺乏自信心和独立性。依赖型人格的表现有：自我形象弱，缺乏自信而轻视、贬低自己，总感到自己无助、无能；温良驯顺，不爱竞争，避免社会压力和人际冲突；依赖他人，退缩被动，容易顺从他人的要求，若所依赖的人不在身边，易产生焦虑和无助感，甚至抑郁；避免自我主张，拒绝承担责任，甚至容忍和希望他人安排自己的生活。

为避免孩子发展出依赖型人格，家长就要在孩子成长初期意识到自己在培养孩子长大的过程中，是否有什么不良的影响，比如父母、长辈对孩子说过的具有不良影响的话，例如"你怎么这么笨，什么也做不好""瞧你毛毛躁躁的，还是我来吧"等，家长可以把这些话语仔细整理出来，然后一条一条加以认知重构——变成好的语言，比如第一句变成"你很细心啊，一定可以做得很好"；第二句变成"看来你很希望赶快做好，没关心，你慢慢来，妈妈等你做完"，家长不断的语言重构可以帮助孩子消除不良印记，给予孩子更多的肯定，引发孩子的自信心。其次，家长可以带孩子从事一些外出略带冒险性的活动，比如让孩子独自一人去参加一项娱乐活动，或一周有一天"自主日"，这一日不论什么事情，决不依赖他人。通过做这些事情，可以增加孩子的勇气，改变他事事依赖他人的习惯，重建勇气。

对孩子怎么夸奖才合理：
家长从内心感到孩子的好，客观夸赞

我们做家长的，在孩子的培养和教育过程中，会有各种各样的担心，担心孩子在自己的某个疏忽或某个不当的行为下，给孩子带去不利的影响，甚至造成一生的遗憾。

这些年社会提倡对孩子多一些夸赞、多一些表扬。但有的家长发现，刚开始夸孩子还有激励作用，可夸多了，孩子就很是不屑了，甚至自以为是、过度自信。还有的家长说，我每天都想办法夸孩子，可是他不但没有进步，反而还退步了，以前回家还自觉写作业，现在回家就想着玩手机、看电视，说他根本不听，弄得我们家长不知是夸好，还是批评教训好。做家长好难啊！

是的，家长从各种渠道接收的教育孩子的方法，并试行，包括要多夸孩子。但不同的孩子，效果也不一样，同时，家长在实践中也会有所偏离，最后弄得家长无所适从，依旧会觉得教育孩子是个难题。

●家长对孩子的夸赞要客观、具体

比如家长夸孩子"你真棒"，孩子会反问"我哪里棒了"。这时候，家长可以把你认为孩子"棒"的地方具体化。这样，孩子知道在父母眼中，父母在乎的是什么。比如，说孩子的"认真劲儿，特别棒"，再比如说"你可以帮助小朋友，很有爱心，这个很棒"。

孩子非常在意家长在意的地方，所以，我们家长希望孩子在哪里、哪个方面成长得更好，就可以强调哪个方面。比如，夸孩子很勇敢，孩子就会更勇敢；夸孩子懂事，孩子就会愈加懂事。这就是家长把自己的期待"投射"到孩子身上，孩子认同了，就顺着家长的期待成长，顺着家长经常夸赞的方面成长；反之，孩子就朝相反的方向发展。但是，家长的过分夸赞或者在夸赞之后，会加一句"你要更加努力，更加进步"，孩子在父母"过度"期待的压力下扛不住了，就被"压垮了"。

父母担心的"过度夸赞"带来孩子的"过度自信"，通常是家长的夸赞不够客观，或者比较泛泛、不够具体。

●父母夸孩子，首先要从内心感到孩子的好

被夸奖过多的孩子，也会出问题。比如总是夸孩子"真聪明"，孩子就会觉得自己是聪明的，容易沾沾自喜，觉得自己聪明，不需要努力也可以达到目标；也容易觉得聪明的人就不需要努力。而孩子不努力、不用功、不认真的最终结果，就是导致成绩退步。还有的被夸赞聪明的孩子会担心，一旦他努力了、认真了，就说明他就是先飞的"笨鸟"，那就不能显出他的聪明了，"聪明"反而变成了孩子的压力，孩子生怕自己努力了也做不好，反而就放弃不做了。所以，对待聪明的孩子，要夸就要夸他聪明的具体表现。比如"这道题你做得很巧妙，你肯开动脑筋，从多个角度思考，真好！真聪明"，也可以用启发式的问句"你怎么想到这么做的？这个思路很巧妙，看来你是很用

心的，难怪你这么聪明"。

所以，夸孩子，家长首先从内心感到孩子的好、孩子的棒、孩子的优秀。家长要对自己说"我们的孩子是好的、很棒的孩子。虽然现在有很多我们看不惯的地方（不是"毛病""缺点""问题"），那是我们的问题，孩子一定有他自己的想法，只是我们没有很好地了解和理解孩子"。

孩子自己是有分辨能力的，父母夸孩子，孩子知道哪句话是真心的、哪句话是夸张的、哪句话是"别有用心"的，哪句话是为了激发他的。

如果我们的家长可以放松心态、保持自信，就会带着"旁观"的态度，欣赏来自自己的这个生命。那时候，家长就会很自然地夸赞自己的孩子了，看到孩子的点滴，都会觉得是那么赏心悦目。家长会看到孩子打碎碗盘背后是他愿意帮助做家务，只是动作还没那么协调；会看到孩子自己的房间收拾不那么整洁的背后是他可以自己整理房间了；会看到孩子边写作业边看手机的背后是他非常想把题做正确。无论孩子说什么做什么，家长都会看到孩子的正向能量了。这就是心理学上讲的"正向思维"。"夸赞太多"的正向思维是，孩子有这么多的地方值得夸赞呀！而有的家长担心夸太多孩子会过度自信，但这比孩子自卑要好很多。

有人说，不要夸孩子聪明，也不要夸孩子好看。有的家长照着做了，结果孩子长大了，怎么也不接受别人眼中漂亮的自己，他会觉得别人都是欺骗他，总觉得自己某个地方不好看，要去整容；智商本来很高的孩子，也会因为不觉得自己聪明，在需要他发挥聪明才智的时候，不相信自己，结果做事畏手畏脚。在他本来可以出成绩的时候，却被自己的不自信给压下去了。

做父母的一定要记住，无论在别人眼中多么不堪的孩子，只要孩子的父母给予孩子肯定、赞扬和鼓励，他也会在未来自己的成长道路上不自弃，历经艰苦努力，成就最好的自己。

对孩子怎么夸奖才合理：

话术

● 这道题你做得很巧妙，你肯开动脑筋，从多个角度思考，真好！真聪明！

● 你可以帮助小朋友，很有爱心，这个很棒！（夸赞具体的做法）

心理小知识

心理学家罗杰斯在提到积极关注时指出：自我知觉出现后，婴儿开始产生被人爱、被人喜欢和被人认可的需要。人对自我的关注和评价，是其积极关注的需求得到满足或受到挫折而产生的。满足了，即容易发展积极的自我关注；而不满足，则易发展消极的自我关注。父母对孩子的积极关注，是孩子积极的自我关注的先决条件。当积极的自我关注一旦建立，就不再依赖被爱的需要，而可以自我延续了。如果孩子看到无论行动如何都能获得父母和别人的接纳，那么他们获得的是"无条件的积极关注"。但绝大多数孩子所接受到的不是家长无条件的积极关注，而是有价值和条件的。也就是说只有满足了所谓来自父母的期望，孩子才能得到父母的爱和认可，这便是"有条件的积极关注"。所以，家长的价值观易影响孩子对自我的评价。

第六章

高素养的小孩人人爱，积极心理和边界感不能少

孩子说脏话：
教会孩子什么样的语言能更好地表达情绪

现在的孩子接触的人际世界比较丰富，不知道何时、从哪里就学到了各种脏话。一般家长听到孩子说脏话，马上就发怒了，开始斥责孩子。当家长做出过激的反应，孩子也会被吓到。

● 孩子说出脏话，未必理解它的意思

所谓的"脏话"，无论你是否理解它的意思，哪怕是外语，我们听起来，都有音调比较重、情绪强烈的特点。

记得一个电影里，老外问中国老板"谢谢"的中文怎么说，老板是个男的，便告诉老外谢谢是××（一句脏话），外国姑娘很兴奋，

到处去说那句脏话来感谢她遇到的帮她的人，一天，她对刚回来给她发工资的老板娘说那句脏话，老板娘马上反应出是自己先生的恶作剧。

小孩子听到脏话，第一是感觉言辞说出来很上口和带劲，至于是什么意思，孩子很少知道。

● 无论孩子是否知道其中的含义，家长都应当成孩子不知道

当孩子说脏话的时候，引发的家长大人的关注是空前的。平时，孩子正常说话的时候，家长可能会不去理会他，甚至忽略孩子的存在。当孩子一句脏话说出来，家长马上会全部"扑"到他的面前，那个关注度，是孩子很需要的。如果孩子说出一句脏话就可以获得他平时得不到的关注，你想，他是不是会享受那种"中心感"呢？

大人听到脏话，恐慌的情绪是可以理解的，很怕孩子学坏。但孩子其实是不能够真正理解其含义的。

所以，如果家长可以做到当没听见孩子的"脏话"而不理他，小孩子得不到特殊的反应，就会觉得无趣，慢慢不再说了。

再者，当大人听到孩子说脏话的时候，不论孩子是否知道其中的含义，你都应当成孩子不知道。这时，你的情绪是平静的，你会把孩子的话当成一般的话，可以做到倾听、不带责备语气地和孩子讨论。那么，你会发现每个孩子的解读都不太一样。

例如，你可以带着好奇的语气对孩子说："咦？你这句话说的是什么啊？"这样的问话可以引发孩子的解释。通常，你会听到孩子说"我也不知道：××（一个人名）这么说……"这时候，你可以回应

孩子："哦！原来是这样。可是，你知道吗，这不是好话，这个话是很不好的，以后不要说给别人听啊。"同时，家长可以摸摸孩子的头，或抱抱肩膀。

之后，可以和孩子讨论什么样的语言能更好地表达孩子那个时候想表达的情绪。比如，你可以建议："我知道你想表达你的情绪，咱们想想什么词更好……"和孩子一起查查不同词语代表的意思。

这样，孩子说脏话的事情被重新赋予了意义——是孩子想更丰富地表达自己！

话术

孩子说脏话：

● 你这句话说的是什么啊？

● 你知道吗，这不是好话，这个话是很不好的，以后不要说给别人听啊。

● 我知道你想表达你的情绪，咱们想想什么词更好……

发现孩子撒谎：

问题背后都有正向的期待

孩子之所以说谎会有几个方面的原因：孩子不敢说真话，怕父母打骂，怕老师批评；孩子不愿意说真话，是因为说真话家长反而斥责；孩子习惯性说谎没有被察觉，反而获得更多的奖励；孩子和家长学会的说谎，家长不觉得，却在孩子身上放大了。

● 问题背后都有正向的期待

后现代心理学对于"问题"有其不同的观点。它认为"问题症状有时具有正向功能"，一个问题的存在，不见得只呈现出病态或弱点，有时也存在正向功能，即"问题背后都有正向的期待"。

孩子撒谎，是不想因为说出真话而得到批评、惩罚，或者本来可以享受的待遇却没有了。孩子之所以撒谎成功，也是因为我们做家长的给予了他这样的条件，被孩子钻了空子，家长忽略孩子的世界，孩子便给家长一个虚幻的世界。这就是上面讲的"问题背后的正向期待"。我们家长，通常都会看问题的这面，还没有学会看问题背后的期待。

有一个女孩子，她对家里撒谎说她被评为优秀学生，她的考试排名是很靠前的，甚至撒谎说她获得了某项比赛的奖励，可以去国外游学。孩子的家长重男轻女，平时也不关注女儿的事情，每次听到孩子"报喜"，就会给孩子一笔钱作为奖励，至于真假，家长懒得过问。当孩子的撒谎被揭穿的时候，家里发生了很大的"战争"，直至这个女孩子离家出走，被警察发现送回来，家长还在气头上，依旧对孩子的行为不依不饶。

这个孩子看起来绝对是个有撒谎问题的学生。但在站在心理学的角度，一个孩子的问题只是"显示器"，背后都是家庭关系互动的结果。

● 家长的态度决定着孩子是否诚实

孩子撒谎，家长一般会逼问孩子为什么撒谎，再继续逼问真相是什么。而孩子会和父母"杠"着，有时会矛盾升级。

这时，对于孩子撒谎这件事已经摆在了明面上，家长可以对孩子说："我了解这件事你没有实话实说（注意是"实话实说"，而不是"撒谎"），我想你一定有你的困难（或"你一定有你的理由"）。但是爸爸妈妈很想帮助你，所以想听到真实的情况是怎样的。毕竟我们大人经历的更多，有些事情看起来其实没有那么不容易（是"不容易"，不是"难"）面对。你觉得可以吗？"

这时候，孩子通常是会和家长讲真话的。如果孩子依旧不和父母合作，那么家长可以暂时放过孩子，只留一句话即可："看来，你还想等一等再讲，没有关系，只要你需要，爸爸妈妈随时在这里帮助你。"然后，拥抱一下孩子离开就好。家长要有耐心，孩子才会安心。

假如问题没有那么严重，孩子又不知道家长知道他撒谎，那么家长可以再等等，不要急于询问。也可以在适当的时候，讲上面的那些话，让孩子知道家长是他最大的靠山，而不是最大的恐惧。

家长的态度决定着孩子是否诚实。

顺便讲一句：孩子和母亲的关系会影响孩子发展人际关系，孩子和父亲的关系会影响孩子的学业和未来职业的发展。

发现孩子撒谎：

话术

● 我了解这件事你没有实话实说（注意是"实话实说"，而不是"撒谎"），我想你一定有你的困难（或"你一定有你的理由"）。但是爸爸妈妈很想帮助你，所以想听到真实的情况是怎样的。毕竟我们大人经历的更多，有些事情看起来其实没有那么不容易（是"不容易"，不是"难"）面对的。你觉得可以吗？

● 看来，你还想等一等再讲，没有关系，只要你需要，爸爸妈妈随时在这里帮助你。

孩子说话总用攻击性的语言，比如"你去死吧"：
愤怒不去化解，有可能会质变成"反社会人格"

如果孩子总说攻击性的语言，这个问题是需要家长重视的。

这样的语言，一般很少是孩子自己发展出来的，它是带着如此的愤怒与诅咒的语言。愤怒是会生长的，愤怒不去化解，是有可能会量变到质变成为"反社会人格"的。

●攻击的背后都是愤怒情绪的未表达

攻击的背后都是愤怒情绪的未表达。而愤怒的背后更是诸多负面情绪的积累。这些负面情绪或负面的心理感受有：绝望、生气、恼怒、忧伤、委屈、筋疲力尽、害怕、灰心、厌烦、担心、心神不宁、悲伤、愤怒、焦虑、压抑和抑郁等。

所以，家长要了解孩子究竟积郁了什么样的负面情绪。

有一个孩子，很小的时候父母离婚，妈妈带着她回到了姥姥姥爷家，姥爷是个很专制、脾气很爆的老头儿，不仅姥姥怕她，妈妈也怕他。妈妈带着孩子生活在姥爷身边，姥爷家本来就不宽裕的住房更加拥挤，于是姥爷整天对孩子的妈妈批评、指责、发脾气，带有诸多不满，这个不满又"连坐"到外孙女身上。姥爷对孩子的父亲不满，于是对这个外姓的外孙女也处处看不惯。孩子虽小，却也感受到姥爷的不友好，于是，孩子到了小学三四年级的时候，突然就开始怼姥爷了，满嘴的恶毒语言，包括"你怎么不死""你去死吧"等。姥爷被气病，就拿老伴儿和女儿发脾气，女儿夹在两代人中间，苦不堪言。而孩子渐渐也各种生病，开始不去上学了。

愤怒的语言是那么富有感染力，它可以让情绪得以宣泄，但也可以激发内心更多的愤怒情绪。

● 从孩子的行为去看孩子行为下面的冰山

那么，如何帮助孩子从愤怒的情绪中走出来呢？

著名的心理学家萨提亚提出"冰山理论"。"冰山理论"实际上是一个隐喻，是指一个人的"自我"就像一座冰山一样，我们能看到的只是表面很少的一部分——行为，而暗涌在"水面"之下更大的"山体"，则是长期压抑并被我们忽略的"内在"。

冰山理论主要包括七个层次，从上到下依次是：行为、应对方式、感受、观点、期待、渴望和自我。

其中，行为是指行动、故事内容，在这里可以指孩子做了什么，如用恨恶毒的攻击性的语言。孩子的应对方式或者姿态是什么呢？是愤怒地指责。那么是什么样的感受才让孩子如此指责他人呢？是愤怒、伤害、恐惧、忧伤还是悲伤呢？孩子他为什么会有这样的感受？他为什么要确定自己是这样的感受？他是持有怎样的信念、假设、思考或想法？是否他觉得自己是不被爱的、是被嫌弃的——"既然嫌弃我、不爱我，为什么还要生下我？干嘛不把我扔掉？干嘛还要一天到晚批评我、指责我、让我如此痛苦？"继而，我们想想孩子的期待，他对自己、对别人或来自他人的期待是什么呢？是渴望被爱，渴望被父母家人接纳，渴望有归属感，渴望和最亲的父母连结，渴望心灵的自由，渴望有自己独享的空间……最后，我们可以问问孩子"你觉得你是怎样的人呢？是有能量的吗？是聪明可爱的吗？是被爱的吗？是被认可的吗？是有价值的吗"等。

我们的家长可以学习如何从孩子的行为去看孩子行为下面的"冰山"——那个被深深冻住深层次的感受和对自我的认识。

我在一次咨询中，当孩子写出自己二十几条缺点后，家长居然认同孩子就是这样糟糕的。

我问家长觉得自己好吗？家长说"我们不好"，我又问："你们觉得你们值得拥有一个好孩子吗？"家长这个时候不说话了，沉默之后，家长说"我们明白了"。

所以，当听到孩子带有攻击性的语言，甚至说"你去死吧"，家长可以用最温柔的怀抱拥住孩子："我知道你有委屈，我相信你有一些情绪需要释放出来，其实你可以信任爸爸妈妈对你的爱，我们是希望给到你最好的幸福的！你希望我们做些什么才让你觉得好受呢？"

　　对这样的孩子，他经历的事情家长或许确实不了解。所以，孩子需要被看见、被允许、被理解、被支持。

话术

孩子说话总用攻击性的语言，比如"你去死吧"：

● 妈妈觉得你心里面有很多话想说，妈妈希望你说出你的愿望，而不是不好听的话。

● 妈妈很愿意听你把心里面希望爸爸妈妈做到的事情告诉我们，你是我们最爱的宝贝，我们希望能让你感受到我们爱你。

● 你看，你说那么不好听的话，你一定有好多的委屈和难过。你能和爸爸妈妈好好谈谈吗？

孩子爱吹牛，说话夸张：
孩子的言谈举止是父母不断强化的结果

没有一个孩子天生就爱吹牛、说话夸张的。就如同孩子说谎，没有一个孩子天生就会说谎。

李姥姥夸她的外孙子说："我们大孙子打生下来就不会说脏字儿。"孩子的妈妈回应到："谁生下来都不会说脏字儿！"惹得全家人哄笑。

同样是这个道理，孩子的行为，不是天生就这样的。孩子生长的人文环境对他的影响是巨大的。

● **孩子的言行是在长大的过程中不断养成、习得的**

孩子说什么话、怎么说话这件事，它会有如下几个成因：

首先，是和家里大人学的。不论是谁，他都可以学来，尤其是父母。你会看到很多孩子和爸爸妈妈或家中某个老人说话的语气、语调、表情、神态很像。但假如家里的老人离开他的身边了，换了一个人带他，你会看到，过了一段时间，他又会像这个人说话的神态了。总之，孩子受谁的影响大、孩子信服谁、和谁在一起的时间长，就爱模仿这个人。如果他模仿的这个人是一个爱吹牛且说话夸张的人，孩子就也会这么说话。

其次，孩子的行为也是被家长"鼓励"出来的。孩子说话夸张通常是受到了家长的"鼓励"，孩子觉得家长喜欢他这么说话，而家长则多是在无意识中"鼓励"孩子。

英国小说家狄更斯在他的世界名著《远大前程》（又译《孤星血泪》）中，有段这样的描述：男主人公皮普小的时候，父母都不在了，只有年长的姐姐和姐夫抚养他。有一天，皮普受邀到当地富豪哈维沙姆小姐的萨蒂斯大院玩耍，据传说哈维沙姆小姐的地方极尽奢华。但其实，在那里，皮普并没有什么快乐和有趣的经历。可回到家，面对姐姐和其他人的热切期待和好奇，他真实的描述反而招致了姐姐拳头，并且姐姐还揪住他的头发往墙上撞。于是皮普就开始了极尽夸张的"胡编乱造"，反正所有人都没去过那个传奇的富豪之家。结果，反而让姐姐和亲戚们兴高采烈，仿佛自己亲历了一般，不仅夸赞了皮普，还到处炫耀皮普的"好运"。

在生活中，也会有这种情况：孩子实话实说，或许会遭到质疑，甚至于批评和教育。这也可能是在家里，也可能是在学校。孩子为了保护自己不再受到"攻击"，于是自己启动了"防御机制"，免受伤害。而且，吹牛或夸张到别人将信将疑到完全相信，并由此获得夸赞、崇拜甚至奖励，那么这些经验会让他不断重复，乐此不疲。所以，这里讲的"鼓励"，是家长的一种态度。孩子讲话夸张，在家长尤其是妈妈这里获得了赞扬，让妈妈开心，让妈妈对他更亲热，那么孩子以后的语言发展方向就会顺着这个特征走下去，久而久之，孩子就喜欢夸张了，再者就变得爱吹牛了。久而久之，这样的孩子会形成讨好型人格，为了讨得他人的欢心和对自己的认可而去做一些事。

再次，孩子的言谈举止是父母不断强化的结果。从孩子小的时候，对孩子的某些行为，家长不断地强调，比如"不许吃手"，孩子就会吃手；"不许扔东西"，孩子就会扔东西；"上课不许说话"，他听到的就是要说话；不许追跑打闹，他一定会追跑打闹；"不许吹牛夸张"，孩子反而会吹牛夸张。因为在我们的大脑中，首先反应到的是很有画面感和很容易感知到的东西。动词和日常的名词，对于年龄小的孩子，他会很容易理解和操作。所以，家长说话一不小心，就被孩子"捕捉"到，就会照做。慢慢形成条件反射，你怎么说，他就这么做。

● 把孩子夸大的部分给予合理化，引导孩子的正确表达

无论孩子的哪种行为，他在父母面前的行为，都是希望得到父母关注的。

孩子吹牛或说话夸张，一定是获得了某种"好处"。但"常在河边走，哪有不湿鞋"，有一天被识破的时候，对孩子是一个非常重大的打击。会让他觉得自己多么不齿，导致他自暴自弃。

所以，当家长意识到孩子爱吹牛或者说话夸张时，不要去揭穿

或指责。家长需要忽略孩子不好的地方，而发现孩子行为背后好的初衷，并善意地加以引导。家长可以在此时对孩子说："哇哦！听起来好有趣，这个故事你怎么会讲的这么精彩！只是有些逻辑可以再严谨一些，让故事再让人觉得真实一些，比如（某个地方的讲述）。"

这样说的好处是把孩子夸大的部分合理化，给孩子一个"台阶"，引导孩子的正确表达。让孩子知道大人知道他在编故事，但并不批评他，而是包容他。孩子的创造力也没有受到打击，他可以继续发展他的创造力，但家长可以引导他在正确的地方使用。比如，可以鼓励孩子把他讲的这些故事写下来，作为写作的练习，甚至可以帮孩子发表，如果获得好评，可以让孩子有成就感，如果有建议、意见，这个时候正好是家长帮助孩子锻炼抗挫折力的时机。只是，家长要引导孩子正确面对这些意见，可以带领孩子一起分析别人提出的意见和建议。这样，孩子会学习着用平常心看待别人的评论，也可以培养孩子虚心的品质。

培养孩子，家长也需要用平常心，家长面对世界的态度，就是孩子面对世界态度的榜样。

孩子爱吹牛，说话夸张：

● 你讲的内容好有趣！

● 你可以讲得更具体一些吗？

话

术

● 嗯，你讲的听起来很酷炫（或其他词），但是，妈妈希望你可以描述得更具体一些，这样妈妈会容易理解。

● 我知道你这么说是希望妈妈开心，但其实你怎么讲妈妈都喜欢。

● 妈妈很喜欢听你讲话，你的声音妈妈喜欢听。

心理小知识

　　积极关注：积极关注原本是指在心理咨询过程中，咨询师对求助者的言语和行为积极面予以的关注，从而使求助者拥有正向价值观。心理咨询师应以积极的态度看待来访者，注意强调他们的长处，对求助者言语和行为积极、光明、正性的方面予以关注，从而使求助者拥有积极的价值观，拥有改变自己的内在动力。

　　在亲子互动中，提到了积极的自我关注，它是指自我知觉出现后，婴儿开始产生的被人爱、被人喜欢和被人认可的需要。当积极关注得到满足，孩子易发展积极的自我关注，而不满足则易发展消极的自我关注。积极关注是积极的自我关注的先决条件，但积极的自我关注一旦建立，就不再依赖被爱的需要，而可以自我延续。

火车上孩子大声说话、打闹：
孩子会学习家长的言行，即对家长认同

有一次，我和两个老师坐火车出差，4 个小时的车程，跨越了中午，于是在吃完午饭后，我们都靠在座椅背上休息。

正当瞌睡袭来的时候，一阵孩子的大喊大叫伴随着大笑和家长对话的声音从脑后方传来。直钻入耳。

我们回头看时，只见 3 个妈妈和 3 个孩子，有一个男孩两个女孩，正在挥舞着勺子、筷子边吃边笑闹着。期间，还有女孩子的尖叫声。

3 个孩子看上去差不多都在五六岁。这时，周边的乘客多数也都皱着眉，频频看向他们，但大人和孩子浑然不知。

这时，坐在我旁边的年轻老师回过头说："你们能不能叫孩子小点儿声！大家都在休息。"

其中一个妈妈马上大声说："孩子闹，我们有什么办法！"

这个老师回到："你们可以告诉孩子不要那么大声啊！这里是公共场所！"

这个妈妈有些激动："我还不知道是公共场所吗？你试试啊！怎么说都不听！我有什么办法！"孩子妈妈一边尖声回怼着这个老师，一边怕打着那个男孩儿，嘴里不断地斥责着孩子："你看看你看看！人家都提意见了，你还闹！"然后又说："我说不带你出来吧！你就是不懂事，让人家说咱们这样好看啊！……天天闹天天闹，这下好了，让人家说了吧！我看你的面子往哪放！……"孩子在斥责声中一直在哭，其他两个妈妈一直在安慰着，两个女孩子早已跑到车厢的连接处了。

这时，我旁边的这个老师有些看不过去了，又站起来说："你说孩子有什么用，孩子不知道，你可以好好说啊！"结果一句话，又把这个妈妈的火气引发了。于是，我们两个老师和车厢其他的人赶忙都起来劝说，总算把这场风波平息了。

这次坐火车的冲突，我们也是第一次经历，于是，在以后的行程中，我就会格外留意，不要在公共场合这样给家长提意见。每个人都有自尊心，不希望在公共场所被当成指责的对象，家长收到指责，就会迁怒孩子，孩子虽然会记住这个场景，但也会给孩子造成心理的阴影。

●人与人相处的道理，我们应该早些告诉孩子

在后来的旅途中，也会遇到后排的孩子或大人笑闹的，看视频不戴耳机播放的声音很大的。此时，我都会起身，伏在座椅靠背上，然后微笑着轻声说"抱歉，我想睡会觉，你们可以小点儿声音吗？谢谢啦"，几乎每个人都会连忙说"啊！对不起对不起，我们小点儿声"，然后我再微笑着道谢。这样，就从未引起过风波。

绝大多数人，只要我们的方法得当，不会打击人家的自尊心，多数人都是可以理解的。咱们中国人讲"礼多人不怪"，就是社交的智

慧。你给人家礼貌，人家还你以礼，这些人与人相处的道理，我们也应该早些告诉孩子。

在公共场合，比如火车上、餐厅内、博物馆、电影院等小型且封闭的公共场所，当兴奋的孩子大声说话、打闹、做游戏的时候，家长可以把孩子引到身边，搂住孩子的小肩膀，在孩子的耳边轻声说"我跟你说点儿悄悄话"或者"过来，妈妈跟你有话说"和"公共场合需要小声说话，或者止语。"也可以说："你看，这样的公共场合大家都很安静，这是一种修养，咱们家的小公主（小绅士）就是有修养的，对不对呀？"

之后又有一次，我从国外飞回国，旁边是一对小夫妻带着一个一岁四个月的男孩回国续签证。孩子开始还安静，后来就烦了，刚要哭闹，爸爸马上把孩子举起来逗他，孩子刚咯咯大笑，爸爸马上对孩子："嘘——"并小声说："要小声啦！这里是飞机上，有好多人。"孩子马上学着父亲的样子："嘘——"爸爸点点头，笑着对孩子悄声说："这就对啦。"然后用脑门儿轻轻地碰着孩子的脑门。又玩儿一会儿，孩子睡着了。

父母是孩子的第一个老师，家长的言行深深影响着孩子，孩子会把家长的言行，实实在在地学到。这个就是"认同"。

话

术

火车上孩子大声说话、打闹：

● 你看，这样的公共场合大家都很安静，这是一种修养，咱们家的小公主（小绅士）就是有修养的，对不对呀？

心理小知识

"礼貌"和"讨好型人格"是不一样的，礼貌是一个公共礼仪，是社交的修养，是自尊的表现。而"讨好型人格"是低自尊的表现，讨好型人格是指一味地讨好他人而忽视自己感受，是无原则的退让和放低自己。讨好型人格是一种不健康的心理状态，存在对别人的感受特别敏感、抬高别人而贬低自己等错误的心理逻辑。

分清上述两个概念，从小培养孩子的自尊与自信，让孩子可以心理健康地成长，那么家长也要提高自身的修养，同时学会和孩子沟通。

孩子偷拿别人的东西：
从延迟满足的角度来看待

我很喜欢小孩子，也会邀请年轻的朋友带着孩子来我家玩儿。我家的"零碎儿"较多，有时候也会遇到孩子悄悄拿了什么，又被孩子的父母发现了。

有一个妈妈很有智慧，一次，我听到卫生间虚掩的门内，这个妈妈轻声问自己五岁的儿子"这个是你偷偷拿的吧"……"你是不是很喜欢它"……"拿别人东西是不好的，尤其是在别人不知道没允许的情况下，你知道了吗"……"那咱们一会儿悄悄放回去好吗"。

听到此，我赶忙悄悄躲进了旁边的小卧室。

这个妈妈一直语气严肃而温和，孩子没有出声，估计是点头回应着妈妈。

● 小孩子还没有清晰的道德意识，不要上升到道德问题

幼儿期的孩子自我控制能力薄弱，但在整个幼儿期，孩子的自我控制能力随年龄而迅速增长。3岁小班儿童具有自我控制能力的人数比率不到20%，4～5岁中班是儿童自我控制能力发展的重要转折期，5～6岁大班儿童就有80%～90%的人数比率具有一定的自我控制能力。儿童自我控制活动分为4种类型：运动抑制、学会情绪抑制、认知活动抑制和延迟满足。

一般偷拿别人东西的孩子，一是界限感模糊；二是自控力不足，尤其是"延迟满足"能力的欠缺。说明在儿童早期的成长训练中，家长没有充分重视，训练不足。

孩子对别人的东西感兴趣，马上就想拥有，所以才会偷偷拿走。这个也是延迟满足的能力欠缺；还有，孩子偷偷拿别人的东西，有可能他有被家长拒绝的经历，不敢再向父母要，所以才偷偷拿；又或者是孩子曾经偷偷拿了别人的东西，没有被父母发现，孩子这样做没有得到制止，孩子获得"隐秘的成功"带来了"成就感"和"小欢喜"。

孩子也有可能是听其他小朋友交流经验学来的，或者也有其他大人在某一次对他说"你去把某个东西给我拿过来，别让××（一个人名）看见啊"。但你去问，也未必能问出真正的原因，孩子也不全是实话实说的。

所以，家长发现孩子偷偷拿东西了，需要耐心而严肃地告诉孩子

"你是不是很喜欢这个东西呢？可是你知道这个不是咱们家的。就像你不是别人家的小孩，别人把你领走，爸爸妈妈会伤心的"，如果孩子稍大一些，可以告诉孩子"你想要什么可以告诉爸爸妈妈，但不可以自己拿别人的东西，东西不是咱们家的，不可以拿"。但是不要上升到道德问题，小孩子还没有清晰的道德意识，即便是青少年期，一旦上升到道德问题，孩子被贴上了标签，对他来讲是非常严重打击自信和自尊的。

我们从延迟满足的角度来看待孩子偷偷拿东西这件事，可以不加评判地看到孩子的愿望是想尽早拥有这个东西，但他没有学会控制自己的欲望，或者控制的能力不足。它是一个能力问题。美国斯坦福大学心理学教授沃尔特·米歇尔（Walter Mischel）指出，一些日常的小规定，如晚饭前不能吃零食、把零用钱省下来等都是对孩子认知上的锻炼，帮助他们养成自我控制能力。

孩子偷拿别人的东西：

● 你是不是很喜欢这个东西呢？可是你知道这个不是咱们家的。就像你不是别人家的小孩，别人把你领走，爸爸妈妈会伤心的。

● 你想要什么可以告诉爸爸妈妈，但不可以自己拿别人的东西，东西不是咱们家的，不可以拿。

话术

心理小知识

　　延迟满足是指一种甘愿为更有价值的长远结果而放弃即时满足的抉择取向，以及在等待期中展示的自我控制能力。延迟满足的发展是个体完成各种任务、协调人际关系、成功适应社会的必要条件。

　　著名心理学家米歇尔对于"延迟满足"的实验说明：那些能够延迟满足的孩子自我控制能力更强，他们能够在没有外界监督的情况下适当地控制、调节自己的行为，抑制冲动，抵制诱惑，坚持不懈地保证目标的实现。

孩子见到外人，不肯叫叔叔阿姨：
孩子启动的是保护自己的独立感和自尊感

有一些孩子和父母在一起，遇到父母的熟人，父母让孩子叫阿姨、叔叔，而孩子则躲在妈妈的身后不叫人。孩子的父母会很有气地说："你这孩子，怎么这么没有礼貌！"继而再转向熟人，面露尴尬："不好意思，这孩子就是不叫人，不懂事儿！你别在意啊。"熟人通常也会赶紧打圆场："小孩子嘛！没事儿！"

这时候，你可能会看到孩子暗暗地翻眼瞟一下父母。甚至你能感受到孩子鼻孔中的一个不出声的"哼"字。

有时候，我在想，孩子是有多厌恶父母让他和外人打招呼啊！

●孩子不愿意跟大人打招呼，多是自我保护的本能在起作用

我一个朋友的孩子，也是不叫人，朋友很为难地说"我怎么说他都没有用，我都快愁死了"。

可是，我们家长可以想一想，我们为什么一定要让孩子和大人打招呼呢？不叫外人"叔叔、阿姨"就是不尊重长辈吗？我不这么认为。你会看到有的孩子不叫人，但当熟悉了一会儿以后，他会让某位叔叔或阿姨，递一样糖果啊、玩具啊，开始和这个叔叔或阿姨互动了，而这时的叔叔阿姨，通常是特别和颜悦色的，言谈温和而友善。

我小时候，记得从四五岁就不叫人了，我的父母就苦口婆心地教育我，说人要有礼貌，否则人家会说咱们家没有教养，不懂事儿等。我才开始和外面的叔叔阿姨打招呼了。但对于父亲的兄弟姐妹及其家属，什么姑姑姑父、叔叔婶婶的，我都不叫。哥哥姐姐也叫不出口。回想起来，那时是因为不到五岁爷爷去世，因为我是长孙女，所以被派往跟奶奶做伴儿，奶奶的子女去看望老人，老是要逗弄我，把我弄得很不知所措，于是就不开口了。不说话就不会引出大人更多的话，那些我不明白的话。

从心理学的角度看，孩子不叫人、不愿意跟大人打招呼，多是因为孩子自我保护的本能在起作用。它会有不同的心理动因。有可能有以下几种原因：

第一，孩子不认得这个人，他不认为要理会这个人，或者这个他不认得的人让他胆怯，即便这个大人和父母熟识。

第二，孩子不喜欢这个大人，这个大人老逗他，那神态好似动画片里骗小孩儿的坏人。孩子不喜欢被逗弄的感觉。

以上两种原因表明孩子启动的是保护自己的安全感和自尊心。

第三，孩子不希望被家长"操控"，他就不想给妈妈（主要是对妈妈）面子。通常这样的妈妈就像文章开头的妈妈，会指责孩子不懂事、不尊重大人，还会向人家解释是孩子不懂事儿。孩子心里会非常有气"凭什么要我去和你认识的人打招呼，我又不认识这个人""是你（妈妈）自己要讨好别人"。

第四，孩子觉得"我想叫人是我自己想叫的时候再叫，而不是你（妈妈或爸爸）让我叫我才叫"，有的孩子说"如果我妈（爸）不那么着急让我叫人，我一会儿会自己和这个阿姨或叔叔打招呼的，我本来有我自己打招呼的方式，干嘛非得一见面就要叫叔叔阿姨。再说，我也没有不礼貌啊，我冲这个叔叔笑了呀！我和这个阿姨眼神确认了呀"。

这两种原因体现的情形，孩子启动的是保护自己的独立感和自尊感，同时也在反抗妈妈或爸爸的束缚。

● 大人的世界不一定要孩子参与

孩子不喜欢跟陌生人打招呼，如果不是熟人，说明孩子的安全意识很强。当熟悉了以后，孩子的戒备放下来了，他会用自己的方式打招呼。还有的孩子觉得和大人没什么可聊的，没有话题，当然也就不知如何开口。

而作为家长，大人的世界不一定要孩子参与。让孩子和外人打招呼也不过是走个过场，客气一下，礼貌而已。如果在孩子小的时候就培养这种意识"来，和叔叔（阿姨）打个招呼，你自己去玩儿吧"，这样，孩子就知道自己不必参与大人的交流，他只是来打个招呼，他就可以自己去玩儿了，而不是作为家长的陪衬，他就不会拒绝打招呼这件事了。就怕家长一边聊着天，一边把孩子看得紧，这样，孩子就会因此讨厌来家里的这个大人，他也不愿意打招呼了。

孩子不会像大人一样善于伪装，对于来人熟与不熟，他要不要信任这个大人，他有自己的判断。所以说，孩子之所以不喜欢叫人，其实是孩子内心的真实表现，大人不要上升到尊重不尊重这样的道德标准去给孩子"贴标签"，强迫他做自己不愿意做的事情。

家长可以这样应对：

如果孩子真的不喜欢跟别人打招呼，家长需要放下自己的"面子"，"放过"孩子。可以对对方说："这是我的儿子（女儿）××（孩子的名字）。"这时，最好叫孩子的大名，然后对孩子说："这是××（叔叔/阿姨的名字）叔叔/阿姨，来认识一下。"之后，对孩子说："我和××（叔叔/阿姨的名字）叔叔/阿姨讲一会儿（或具体多久）话，你自己玩，只是别跑远，让我能看到你。"

孩子也需要和父母的朋友或同事之间有一个熟悉的过程，等到接触时间久了，孩子觉得熟悉并安全之后，他自然会主动打招呼——但有可能是用自己的方式打招呼。

我一个"80后"朋友的女儿叫朵朵。朵朵叫我张奶奶，刚开始，她不叫我，她妈妈总是提醒孩子，但孩子还和我不熟，还有些认生，不叫我。几次之后，我们再见面，她依旧不叫我，但是她会一见面就拉着我的手"看看我的新玩具"或"看看我的新裙子"或者直接给我一幅在幼儿园画的画"送给你"等。孩子的举动都是用自己的方式在打招呼，在表达她的友好和喜欢。再后来，小姑娘见到我老远就会喊："张奶奶——！"尾音拉得好长，声音好清脆。

孩子见到外人，不肯叫叔叔阿姨：

话术

- 妈妈很希望你去打个招呼。

- 如果孩子不打招呼，家长不要强求，家长和对方打个招呼，然后介绍一下孩子。对方和孩子打招呼，孩子不会应，家长也不要责备孩子，而是对对方说"孩子还没准备好打招呼"，然后微笑和蔼地对着孩子问"是这样吧"，拍拍孩子的肩膀，放孩子自己去玩儿。

心理小知识

　　孩子不叫人有很大一部分是孩子自尊的表达。叫人需要张口表达，既表达自己的发声特质，比如声音好听、口吃或态度等，同时也需要在外人面前展示自己。而展示自己，需要自己觉得自己足够好。家长当着孩子的面和外人谈论孩子，会让孩子的自尊心受到影响，他会觉得自己被父母暴露了、没有隐私、没有安全感了。而家长通常不以为然："小孩子有什么自尊心。"而正是这种不安全的感觉，孩子才不愿意和其他人打招呼，以免把自己暴露在外人面前。

孩子开玩笑过火：

防御机制可以掩饰紧张，但会让人无法真诚地表达自我

孩子爱开玩笑，并且会开玩笑，一般是模仿而来的，通常是从家长或身边的成年人那里学来的。孩子会不经意地模仿大人说话，尤其看到大人开玩笑，大家哈哈大笑，家庭气氛融洽。而且，开玩笑的人通常都会成为人群中的中心，也容易成为大家关注的焦点。

在心理学上，孩子的这种行为属于讨好型行为，其目的是讨好父母和其他家人，获得他内心需要的关注或赞赏。

●孩子在语言、行为等的控制上，尚未发育完全，容易把握不好分寸

孩子在儿童期的时候，通常都喜欢引起父母或家人的注意，希望得到更多的关注。当某次孩子模仿了大人的玩笑话，从而获得家人的笑声、惊叹，甚至赞叹。孩子就会受到鼓舞，得到鼓励，觉得这是一个讨好父母、其他家人的好方式。于是，孩子就会不断地想办法多用开玩笑的方式去讲话。

行为上的开玩笑，也是会让孩子乐此不疲的。比如，孩子会藏在门后，给他人一个惊喜或惊吓；或者相伴于语言，通过开玩笑的方

式，给对方一个措手不及。

但孩子在儿童阶段，语言、思维、行为等的控制上，尚未发育完全。所以，在开玩笑时，情绪、身体都处于兴奋和亢奋的状态，很容易把握不好分寸，容易过头。

此时，家长不要急于批评，也不要马上责备孩子，哪怕孩子因开玩笑的行为闯了祸，损坏了物品，家长不要在这个时候反应过激，给孩子造成心理上的阴影。假如孩子在说话上开玩笑过度，把小朋友惹哭了，家长可以马上蹲下来，一边抚慰被惹哭的孩子，一边向自己的孩子澄清，在中间起到协调的作用。可以对自己的孩子说："妈妈知道你开玩笑的，是吧？但是你的朋友可能不习惯这样的玩笑，你看看怎么安慰一下他。"也可以对那个小朋友说："阿姨了解你的感受，他其实心里想和你更亲近一些。你看是不是给他一个机会解释一下呢？"

●孩子开玩笑，也可能是自我"防御机制"的表现

还有一种情况的开玩笑，是孩子在心理发展阶段的自我保护。在心理学上也叫自我"防御机制"。孩子开玩笑从防御机制的角度看，一种情况是孩子不好意思直接表达，他要回避他真实的心理，用一个反向的表达方式，这样可以让自己面子上好过，这样的孩子需要父母多给予一些肯定，让孩子多一些自信。比如，孩子想和某人拉近距离，但因为某种原因，孩子不好意思正面表达，可能就会通过开玩笑的方式来表达。这在成年人那里也经常会有。但孩子毕竟在人际交往中的能力有限，所以常会有表达方式上的不准确，无论言语还是行

为，都可能有表达不到位的地方，要么没表达清楚，要么开玩笑过头，都可能造成对方的误解或不接受。这时候，家长如果获悉，不要讽刺挖苦或者批评孩子，而是给予孩子一定的安慰，并且帮助孩子在挫折中成长，可以通过非暴力沟通的"长颈鹿语言"："你刚才看到别人对你的玩笑生气了，你可以告诉妈妈你心里面的感受吗？你本来希望和别人建立友好的关系，那咱们看以后怎么样说（做）更好，好吗？"

孩子的防御机制还体现在，假如孩子对家长正常表达想法和愿望，经常被家长否定或制止。孩子在表达上受阻，那么孩子就不敢真实表达自己的想法或愿望。或许，孩子心中也有许多的不满和情绪，但是，家长都不给孩子发泄的机会。于是，孩子就用开玩笑的方式去试探父母或者发泄他的不满情绪。那么，这种情况，家长就要自我觉察，是不是和孩子的沟通出现了问题。也可以在孩子再开玩笑的时候问孩子："假如你不是开玩笑地说，如果是你正经的表达，妈妈想知道你想怎么说。妈妈很希望听到你真实的意思，你放心，妈妈会好好听你说的。"这样，让孩子放下心理包袱，可以在父母面前放轻松，从而更好地建立自信。

开玩笑也体现家庭文化的背景、地域文化的背景，也有孩子日常接触小品、相声较多而受影响的。孩子开玩笑是语言能力较强的一种表现。开玩笑也是人际交往模式的一种表达。开玩笑适当，可以化解尴尬、可以轻松气氛、可以缓和人际矛盾、可以达成平时不易达成的目标，但一定是在现场的人能接受的程度内。假如父母可以很好地引导孩子的表达，同时也能帮助孩子发展适当的幽默感，可以给生活带来欢乐和愉悦。

话

术

孩子开玩笑过火：

● 妈妈知道你开玩笑的，是吧？但是你的朋友可能不习惯这样的玩笑，你看看怎么安慰一下他。

● 你刚才看到别人对你的玩笑生气了，你可以告诉妈妈你心里面的感受吗？你本来希望和别人建立友好的关系，那咱们看看以后怎么样说（做）更好，好吗？

● 假如你不是开玩笑地说，如果是你正经的表达，妈妈想知道你想怎么说。妈妈很希望听到你真实的意思，你放心，妈妈会好好听你说的。

心理小知识

　　真诚是孩子需要习得的。真诚的定义是：真心实意、坦诚相待以从心底感动他人而最终获得他人信任的一种品质。

　　人们用心理防御来把不愉快的感受拒绝在意识之外。防御机制运作的范畴，可以从无害地使用幽默来掩饰紧张感，到破坏性地攻击一个当前所爱的人。总之都是无法真诚地去表达自我的方式。人们因为长期回避真诚的情感表达，以至于不会、不能或不敢真诚地面对眼前的人或事物之时，不自觉地启动自我保护机制，以获得自己能接受的自我感受。而当我们的内心没有恐惧，变得自信，能够真实地面对自我、接纳自我了，我们也就自然而然地学会真诚了。

怎么教导孩子不要随便接受别人的礼物：
正确训练孩子的人际边界感

　　收到礼物是一件美好的事情，亲朋好友之间互送礼物，是一种情感的交流与表达。而亲朋好友之间给对方家中的孩子送礼物，更是令人愉快的事情。尤其过年过节，各家各户大人小孩的礼物更是悉心准备，你来我往。稍微大一些的孩子，他们自己选购一些小礼物和小朋友相互赠送，表达友谊。

　　但孩子之间的友谊通常是脆弱的，有的小朋友之间闹了矛盾之后，就吵着要回刚送去的礼物，弄得大人哭笑不得，甚至颇为尴尬。这个时候，大人通常不要插手，可以躲远一点旁观，孩子自己一会儿就"雨过天晴"了。假如孩子来求助大人，家长可以鼓励孩子"你可以好好说话试试看，看怎么要回你送的礼物，不过你的朋友也送了礼物给你，你是不是也要公平地还回去啊"。如果孩子的性格本来就内向退缩，家长就不要勉强孩子自己解决了，但也要告诉孩子"要回礼物也是要还回收的礼物的，你愿意吗"。然后，再鼓励孩子和小朋友友好相处，可以握个手，抱一抱。

　　记得网络上一个报道：一个小学校某班上两个男生动手打架，班主任老师来了，没有批评，而是让他们互相对视，几分钟后，两个男孩子都憋不住笑了，然后一抱"泯恩仇"，两个人和解了。

● 从小训练孩子的边界感，让孩子明白礼尚往来的意义

对于成年人来讲，有的时候，礼物并不是完全代表着亲情友情的表达，而是另有深意。中国人讲"吃人家的嘴短，拿人家的手短"，比如想更接近你的人，怕给你送礼被拒绝，转而给孩子很昂贵的礼物，孩子懵懂未知，在家长不知道的情况下接受了，家长想退，也会担心驳人家面子，或者孩子不愿意退，当着送礼人的面又不好太为难孩子。那么，家长就只好自己来处理相应的关系了。所以，礼物可以达成关系的亲近，也可能带来一些烦恼。家长也会担心孩子接受礼物成了自然而然的习惯，将来长大了容易被利用。同时，孩子看中的是东西本身，他不了解有人会利用东西来骗取他的情感和信任。这时候，假如孩子遇到坏人，很容易就因为礼物而跟着骗子走了。

家长的这些担心是有道理的。因此，在日常生活中，我们需要训练孩子的人际边界感。假如孩子有过自己收了不适合收的礼物的情况，家长不要批评孩子，可以找机会问问孩子："你喜欢这个礼物吗？哦，喜欢它是吧？但妈妈特别希望你喜欢的礼物是妈妈送的。你呢？是不是也希望是爸爸妈妈送的？（不论孩子说是与不是，都可以继续说）如果以后再有别人送你礼物的时候，你可以先问问爸爸妈妈，如果爸爸妈妈不在，就告诉人家说一定要爸爸妈妈同意才可以。因为我们要礼尚往来，收了礼物就要回赠礼物，小孩子没有办法自己买礼物回赠，所以，一定要让爸爸妈妈同意了才可以收，知道吗？"假如孩子问："那上次（某阿姨或叔叔）送我的玩具，妈妈你没在，怎么办呀。"这时，可以安慰孩子："是的，你提醒得对，妈妈已经感谢（某阿姨或叔叔）了，你放心吧。"

对于孩子来讲，边界感是从小就需要训练的。一般3岁以后的孩子就可以训练人际边界感了。可以在孩子和小朋友一起玩儿的时候以及上幼儿园的时候，都教育他"别人的东西、幼儿园的东西都不是你的，不能不经小朋友或老师的同意就拿着玩，更不能没经过同意就拿回来"。

●家长不要在教育孩子不拿别人东西的同时，教育孩子不要小气

我们许多家长在教育孩子不拿别人东西的同时，会教育孩子不要小气，要学会分享。这样，孩子的价值观就被打乱了。"不是要分清你的我的吗？怎么我不能拿别人的，我却要给别人呢？"所以，家长要告诉孩子"你的东西如果你不希望给别的小朋友玩儿，你就告诉人家不可以""你一定有你的理由，你可以告诉人家""就是不想给，也是理由，因为那个是心里面的感觉，也是对的"。

要允许孩子说"不"，包括不要、不给、不喜欢、不高兴、不愿意等。当孩子可以说出"不"了，孩子就不会把委屈憋在心里，孩子的情绪得以正常表达了，孩子就不会出现情绪失控的问题。

●训练孩子的边界感

首先，家长给够孩子爱、陪伴、尊重、信任、认可、表扬等的满足。孩子满足了，就不会向外去寻找，尤其是在有性别歧视的家庭，女孩子在不被重视和长辈认可的情况下，如果母亲再处处批评指责，这个女孩子就容易"早恋"，在外面寻求爱和亲密关系。

其次，就是给予孩子自己的空间和时间，孩子自己的物品让孩子学会整理和保管。孩子的零花钱允许孩子在规定的范围内自己支配，

遇到大额支出再来征求父母的意见。孩子之间互送礼物，可以在孩子小的时候让爸爸妈妈参与并提出意见。但也要告诉孩子"爸爸妈妈的朋友或同事送的礼物，即便是送给孩子的，那也是爸爸妈妈的人际关系带来的。所以，一定要爸爸妈妈同意才可以收"。

家庭中的边界不容易划分，但也很容易划分。爸爸和孩子、妈妈和孩子、老人和孩子、孩子和孩子，每两个人都有自己的关系模式，其他人不随意插手才可以各自把各自关系管好。父母是孩子的第一个老师，父母言语上教育孩子，不如父母身体力行来得有效。

话术

怎么教导孩子不要随便接受别人的礼物：

● 如果以后再有别人送你礼物的时候，你可以先问问爸爸妈妈，如果爸爸妈妈不在，就告诉人家说一定要爸爸妈妈同意才可以。因为我们要礼尚往来，收了礼物就要回赠礼物，小孩子没有办法自己买礼物回赠，所以，一定要让爸爸妈妈同意了才可以收，知道吗？

心理小知识

在我们每个人的心里，都有一个看不见摸不着的"心理边界"，它将我们和外界区分开来。如果一个人有清晰的界限感，即使矛盾且问题或者冲突再多，这个人也能保持稳定的人际距离，不影响和他人的正常交往。他会意识到，每个人都是一个独立的人，人与人之间有着各自的不同，他会认可并尊重这种不同，确保他和其他人在一个心理范围之内，保持心理舒适的社交。但如果一个人界限感不清楚，就无法接受人与人的差异和距离，就会在人际上有依赖心理，或者干涉他人的事情；也会把自己的意愿强加于人，强行跨入他人的领地。

怎么教育孩子学会感恩：
行为的不断重复，可以让我们的心态随之改变

感恩是中华民族的传统美德，养育之恩、知遇之恩、教育之恩、相助之恩等，在中华文化中自古就得到重视。

古典文化中的一些诗词和一些现代儿歌都在教育孩子不忘父母恩，报答父母养育之恩。《游子吟》一诗"慈母手中线，游子身上衣。临行密密缝，意恐迟迟归。谁言寸草心，报得三春晖"表达了《游子吟》中的这种感恩；"路边开放野菊花，飞来一只小乌鸦。不吵闹呀不玩耍呀，急急忙忙赶回家。它的妈妈年纪大，躺在屋里飞不动，小乌鸦呀叼来虫呀，一口一口喂妈妈"表达了现代儿歌《小乌鸦爱妈妈》中的这种感恩；"投我以木桃，报之以琼瑶"表达了《诗经》中的这种感恩；"涓滴之恩，当以涌泉相报"表达了《增广贤文·朱子家训》中的这种感恩。还有"羊有跪乳之恩，鸦有反哺之义""一片丹心图报国"等，小到家庭、大到国家，我们中国人一直都在讲恩情不忘，知恩图报。感恩是我们的文化元素，是我们中华民族的美德。

感恩的文化，世界各地都有，西方甚至有传统节日"感恩节。1941年美国国会将各地时间不同的感恩节统一确定为每年11月的第4个星期四。感恩节本意是向上帝的慷慨恩赐表示感谢，但由于"感

恩"二字意义的美好，所以被广泛应用。感恩，被视作一种文明、一种品德、一种责任。

●家长要以身作则，给孩子做出榜样

对于孩子来讲，给孩子适当的感恩教育，是很必要的，但要家长首先以身作则，给孩子做出榜样。

记得在一次咨询中，一个年轻的妈妈很苦恼地对我述说生活的不如意。她有一个儿子，刚3岁就动不动冲她发脾气，嫌妈妈给他喂饭喂的方式不对、嫌妈妈给穿衣服穿的不舒服等。这位妈妈边说边哭："怎么现在的孩子这么不知道感恩！居然对我这个态度，将来长大了会怎么样啊！"当我了解到，他们一家三口是和婆婆住在一起，婆婆从乡下来帮他们带孩子，她说"我很不喜欢我婆婆，她的卫生习惯很不好，把孩子都带'土'了"等。每天回家，她几乎也和婆婆打招呼。向老公抱怨婆婆，夫妻关系也很不愉快。我问她："假如不是你婆婆，是其他人，每天帮你带孩子，帮你做家务，给你做饭，你会怎么对这个人？"她说："我会很感谢她。"我问为什么，她回答："因为她帮了我呀，我当然要感谢她。""那你会怎么感谢？"我又问，她说她会口头说谢谢，也会在节假日给人家买礼物等。我问："那你的婆婆也是在帮你，你不觉得你需要感谢她吗？"她愣了一下，说："可是我不喜欢她呀！"我说："喜欢和感恩不是一回事，你可以不喜欢她，但你可以感恩她老人家啊！"这个妈妈恍然大悟："对呀！老师，您点醒了我！是的，其实，我婆婆真是帮了我大忙，我确实很感恩她。只是因为心里面不喜欢，才对她态度不好。"我接着说："你看，你对婆婆的态度，孩子在旁边会学，所以他对你的态度也会受你对婆婆态度的影响。你的心里不舒服，你婆婆的心情，你是不是也可以想得到呢？"之后，我们演练了回家后如何对婆婆表达感谢。

●行为的不断重复，可以让我们的心态随之改变

心态可以影响人的行为，而行为的不断重复，可以让我们的心态随之改变。我在清华大学心理学系学习的时候，老师曾给我们留作业："每天晚上睡觉之前，想着感谢今天遇到的3个人或3件事。"在一段时间后，我们同学们的反应是，3件事或3个人都不够，有时候都可以数出十几件让我们感谢的人或事，心态也会一天天开朗，幸福指数也会一天天提高。

教育孩子学会感恩，是一件从小培养的事情。有的家长会"逼"着孩子说"谢谢"，结果孩子非但不说，还和家长赌气，甚至从无声的抗拒到大哭大闹。其实这个时候，家长只要自己表达感谢就可以了。孩子不说，不代表孩子心中没有感谢之意，只是他不愿用语言表达。孩子这种情况，也许是他曾经有过说出来的话被大人笑话或父母不满意的经历，也许他的父母对他的语言要求过高。总之，孩子的行为是需要家长包容的。尤其在当着外人面的时候，你越说"孩子怎么这么不懂事"，孩子越会逆反。家长可以私下问孩子："刚才你不说谢谢，是不是你有什么想法？"也可以对孩子说："妈妈希望你将来可以做到自己表达感谢，因为表达感谢是我们长大后应该有的修养。"这样说的目的是：第一，这次没关系，以后还可以做到；第二，"长大后"的表达是给孩子一个成长的时间；第三，让孩子知道感恩是

一个人的修养。记得我小的时候，就觉得"修养"二字是特别高级的词。而追求更好的自己，是每个人的内在都具有的需求，只是在成长过程中，因各种原因压制或打击才不能做到去追求了。

有的家长说："我们家的孩子都十岁了还不叫人，更不会说谢谢，怎么办呀？"没关系！只要家长真正地具有感恩之心，尤其对待自家的长辈，对给予你帮助的人真心具有感恩之心，并且及时大方而清晰地表达，孩子会观察、会模仿大人。当孩子第一次自己主动说出"谢谢"时，家长千万不要大惊小怪地说"哇！你会说谢谢啦"，这样会把孩子吓住，以后他就可能不好意思表达了。此时，家长只要对孩子微微一笑，或者摸摸头，就是一种认可和鼓励。

孩子从学习儿歌开始，会学到很多包括感恩等优良品德。但，最主要的是：父母是什么样的人、父母是怎样做的，这才是对孩子最好的教育。俗话说"榜样的力量是无穷的"，更何况，父母是孩子最重要的"重要他人"。

怎么教育孩子学会感恩：

● 刚才你不说谢谢，是不是你有什么想法？

● 妈妈（爸爸）希望你将来可以做到自己表达感谢，因为表达感谢是我们长大后应该有的修养。

心理小知识

"重要他人"是心理学和社会学两个学科都关注的概念，"重要他人"是指个体在社会化和心理人格形成的过程中，具有重要影响的具体人物。人类本来就是社会性的动物。"社会性"决定了人类的个体不能脱离群体而单独存活。个体在群体中无时、无刻、无处都会处于他人的影响中，他人的影响从我们出生开始（甚至在胎儿时期），一直到我们生命的最后一刻，他人都会对我们产生或多或少、或深或浅的影响。在生活中那些对我们自己有着重要影响的他人，其起到的作用尤为显著，甚至可能也存在更多意义的重叠。

"重要他人"可能是我们的父母长辈、兄弟姐妹，也可能是老师、同学、同事、朋友，还有我们崇拜的英雄人物、名人大师，或是我们喜爱的明星，也有可能是在我们生命瞬间一瞥萍水相逢的路人或不认识的人。"重要他人"一词首先于1953年美国学者米德在1934年出版的《心灵自我与社会》中得到暗示，后由美国社会学家米尔斯对其加以发展，并首先明确提出概念。它是人类社会化的主要因素之一。

第七章

自我意识的暴涨期，
给孩子更高自我价值感

被孩子嫌弃丑，家长怎么办：
父母，是孩子人生的第一块"模板"

爸爸，你太胖了，明天你不要来接我了！

俗话说"儿不嫌母丑，狗不嫌家贫"。

可能有人会说那是旧时代了，现在的孩子可不是这样的。现在的孩子尤其在开完家长会，会互相评论父母，尤其是评论妈妈。孩子可能会被其他孩子说了，就会在妈妈面前表达出"妈妈你穿得不好看，太胖了"等言语或态度。

孩子这样说是有道理的。我所谓的俗话说也是有道理的。心理学有研究表明"妈妈越漂亮，孩子越自信"，再加一句"爸爸越精神，孩子越自信"。这是孩子在成长过程中对自我认同很关键的部分。

●孩子对自己的认知，几乎全部来自母亲和父亲

孩子从小长到大，会有阶段性的认同。孩子出生后，和母亲从一体到分离，从对母亲的完全依恋到逐渐脱离母亲的怀抱，从最小的时候对母亲的认同，到对父亲的认同，孩子对自己的认知，几乎全部来自母亲和父亲。等到再长大，孩子才会从其他人的眼睛中认识更多的，甚至不一样的自己。女孩子会有多一次的认同，会向母亲学习做女孩儿、女人。男孩子从婴儿期的母亲认同到幼儿期的父亲认同，他基本上完成了对他心目中男性模板——爸爸的认知，他会向父亲学习做男人，女孩会向母亲学习做女人。不是有那么一首歌"长大后我就成了你"嘛。

所以，儿不嫌娘丑，这是真的，但是孩子会嫌弃父母的不打扮，他们心中希望自己的"模板"干净、漂亮、美好，这样他们才觉得自己也可以很好。

有一个女孩子一年到头生病，各种疼痛，不能上学，脾气也不好，觉得自己没有未来。而女孩子的母亲不到40岁，穿得很邋遢、也不打扮，任由自己素面朝天，在自己的父母面前"卑微到尘土里"。我对她讲："你可以给到自己一个美好、美丽、自信的自己吗？这样也可以给到你的女儿一个美好、美丽、自己的'模板'，让她觉得自己有奔头吗？"这个妈妈说："我都多年没有打扮过自己了，我都忽略了自己的生活，老师谢谢你点醒了我。"

● 孩子的审美是从小培养的，家长不必担心孩子只顾臭美不爱学习

我们的家长很多被工作、家庭、孩子拖累地忽略了自己，但也有一些母亲的打扮过分了，让孩子的同学当成笑柄。

如果孩子给作为妈妈的你提出形象上的意见，你可以对孩子说"妈妈接受你的意见""妈妈也想变得漂亮一些，你有什么建议吗"。孩子眼中的妈妈都是漂亮的、好看的，这样的感觉也是孩子内心对自己的认可。孩子提出妈妈丑，更多是她觉得妈妈的穿着和打扮让她不如意。所以，妈妈尽可以听一听孩子的想法。妈妈可以问孩子："你觉得妈妈怎么样你才觉得漂亮呢？"孩子会给你挑出他觉得好看的衣服、好看的发型、好看的配饰，甚至化妆品。

通常孩子的审美和大人的审美会有出入。家长可以和孩子讨论美的观点。孩子的审美是从小培养的，家长不必担心孩子只顾臭美不爱学习，孩子的自信"吃饱"了，他就可以专注到其他的事情上，比如学习、发展爱好等。

我的孩子在小的时候特别喜欢我穿鲜艳的衣服，涂抹艳红的唇膏，但我自己喜欢素色的衣服和淡妆。于是，我就采取折中的办法——在去参加孩子家长会的时候，穿素色的衣服，配上鲜艳的围巾或配饰，化淡妆但涂较为鲜艳的口红。结果，既满足了孩子的"虚荣心"，又满足了我的"不张扬"。

父亲也是同理。许多男性，到了三四十岁做了父亲，就不太注重仪表了，怎么舒服怎么穿。在这里，作为父亲的我，也建议你们至少在孩子家长会或者参加孩子的活动时，打扮得精神利落一些，上

衣最好是有领子的衬衫，干干净净、利利落落，给孩子一个值得骄傲的形象。

父母，是孩子人生的第一块"模板"，把真、善、美的模样展示给孩子，父母也会收获一个美好的"翻版"。让青出于蓝而更胜于蓝。

话 **术**

被孩子嫌弃丑，家长怎么办：

● 妈妈接受你的意见，妈妈也想变得漂亮一些，你有什么建议吗？

当孩子说"你凭什么管我"：
在孩子成长的领域后退一步，给孩子自主的空间

一般来讲，青春期前后的孩子，其认知的发展进入了第二反抗期。他可以很强硬地对家长说"你凭什么管我"。第二反抗期一般出现在女孩子12岁左右，男孩子稍微晚两年。近10～20年，食品安全问题、手机网络的影响、生活方式的改变等诸多因素，促使孩子生理和心理提前进入青春期现象增多。有的女孩子甚至八九岁就来了月经。

●处在青春期阶段，孩子自我意识增强，心理能力却滞后

第二反抗期的特点主要表现在全面性的独立自主要求，从外部因素深入到内在因素，从行为表现到要求人格的独立。进入青春期后，

孩子的思想从一直嬉戏于其中的客观世界中抽回很大一部分，重新指向主观世界，使思想意识再一次进入自我，一系列关于"我"的问题开始反复萦绕于心，导致自我意识的第二次飞跃。自我意识的发展也带来了情绪的变化，多表现为青春期的躁动和不能自我控制情绪的波动。

这时，孩子的父母也正处于上有老下有小的情境中，自己的事业正在上升期，生活和工作的压力都很大，身体素质开始走下坡路，情绪也多处于波动状态，对孩子的学习和未来都有了许多的担忧和焦虑。于是，对于孩子的学习、生活、成长等，父母觉得自己有责任严加管教，以免将来孩子因自己的疏忽而耽误了前程。

但处在青春期阶段，孩子"强烈关注自己的外貌和体征，深切重视自己的学习能力和学业成绩，十分关心自己的人格特征和情绪特征"。这个时期，家长即使不去过多管他，他自己也会深受社会、学校、老师和同学等人的影响，朝向社会的规范和标准去成长，他会觉得这是他自己成长的任务，并且会为自己取得的成绩和表扬而感到自豪和骄傲。自我意识的飞跃发展，使他们进入"心理断乳期"。他们一方面自我意识增强，要力争形成一个独立自主的人格，但心理能力却明显滞后，没有跟得上自我意识成长的"脚步"，从而呈现难以应付的"危机感"。而家长的管教和干涉，会让他们觉得自主性被忽视或受到阻碍，人格伸展受阻，这就会引起这个时期孩子的反抗。并且情绪表现夸张，自己的感受和体验带有强烈主观色彩，自我中心感也会放大。

●在孩子成长的领域后退一步，给孩子自主的空间

当家长了解了孩子生理和心理发育的特点，就可以很好地在孩

子成长的领域后退一步，给孩子自主的空间，把孩子可以做的事情或决定，交给孩子自己掌握。家长对孩子的态度，更好的是"有条件的帮"。

这时候，当孩子说"你别管我！你凭什么管我"的时候，家长可以告诉孩子"我们可以不管你，我们知道你长大了，也长本事了，但是，毕竟在18岁之前我们还是你的监护人，我们还要承担我们抚养你的责任。那么，你和爸爸妈妈可以有个约定，当你觉得需要我们的时候，你一定告诉我们，可以吗"。如果孩子同意，家长和孩子可以"拉钩盖印"以示郑重。

假如孩子说"不用，用不着，我自己能行"，那么家长可以回应说"我们相信你能行！不论你需不需要，我们永远站在这里，随时听你的召唤"。

这些对话听起来容易，但许多家长轻易不敢放心孩子，也轻易不敢真撒手不管。所以，家长的放手也是需要极大勇气的。

但是，张老师这里想用另一个方向的思维，给家长一个信心：以前你的做法都不管用的话，你换一种做法试试看，反正"老路"都走不通了，孩子依然故我，甚至更糟。那么，走一条"新路"试试，至少不会更糟，万一"守得云开见月明"呢！

这也是国际心理学理论发展所支持的观点，相信吧！

当孩子说"你凭什么管我"：

话

术

- 青春期你会面临很多身体和心理的变化，爸爸妈妈很希望把我们少年时期的经验和你分享，你愿意吗？

- 你希望爸爸妈妈怎么对待你呢？我们希望能让你感觉到爸爸妈妈对你的爱和关心。

- 你一定有你自己的想法和希望，那你能告诉爸爸妈妈？我们很想尊重你，但我们需要知道你想要什么。

- 我们相信你能行！不论你需不需要，爸爸妈妈永远在这里，随时听你的召唤。

心理小知识

　　青春期是一个人生理发育的高峰期，也是生理发育和心理成长的矛盾期。身体外形、生理机能、性发育和性成熟的变化都是显著的。认知、思维等的发展上了一个新的高度。自我意识增强，情绪变化突出。在心理上呈现成人感与半成熟现状之间的矛盾、心理断乳与精神依托之间的矛盾、心理闭锁性与开放性之间的矛盾、成就感与挫折感的交替。这个时期，家长对孩子需要更多的细心和耐心，给予孩子宽松的心理环境和有力的支持，及时发现孩子的异常心理状态，及时和孩子平等对话，在关键的事情上给予引导和指导。

孩子特别介意被人评价自己的外形：
家长接纳、包容和淡定的态度是孩子的"定心丸"

一个人的自我评价能力是从幼儿期就开始发展的。幼儿园中班儿童自我评价能力发展迅速，到了大班，大部分儿童都能进行自我评价。儿童的自我评价从"依从成人的评价"开始，逐渐发展到开始有自己独立的评价；从"对外部行为表现的评价"向"内在品质评价"转化；从"简单、笼统的评价"发展到"较为具体的评价"；从"主观情绪性评价"向"初步客观性评价"发展。进入青春期后，孩子会强烈关注自己的外貌和体征。

这是孩子自我意识发展的自然规律。

孩子特别在意别人对自己的评价，说明孩子是愿意成为人们眼中的美好形象的，家长可以正向地看待这个情况，并表达给孩子。

●别人的评价都是参考，父母的评价才是孩子最在意的

对于孩子在意的外人评价，第一，是孩子成长过程中的一个必然阶段，第二，家长的过分担忧，才容易引发孩子的过分重视。因为在孩子的世界中，别人的评价都是参考，父母的评价才是孩子最在意的。就算天底下的人都不夸你的孩子，只有作为父母的你夸赞孩子，孩子就会有自信、有信心去修养和修饰自己。

家长也不必在这个问题上紧张。家长可以根据前面讲到的儿童自我评价发展的脉络，引导孩子看到成长的必然，发现自身的优点和长处。并且可以带领孩子从美学的角度去看待外表美，甚至可以陪孩子看一看模特大赛、选美等一类的节目，和孩子一起评论每一个选手美的特点。比如，这个模特的气质更好，那个的神态更自然；这个的举手投足更优雅，那个的眼神更坚定等。可以告诉孩子，外表的美是需要配合内在的气质、修养、教养才能显示出来的。

如果是稍微大一些的孩子，可以对孩子说"我觉得你好像比较在意那个人对你的评价，你怎么那么看重这个评价呢""那个人评价或许有他的道理，但重要的是你是否有自己的观点。你觉得是怎样的"。

如果是较小的孩子，比如叫我张奶奶的小朵朵，是个爱美的小姑娘，那时她不到5岁。有一次她很不开心地对我说："张奶奶，××（一个人名）叔叔说我这个样子不好看。"我问她："你觉得呢？你觉得××（一个人名）叔叔说的这个观点对吗？"小姑娘扭着身子说："哼，我才不听他的呢。"我回应说："嗯，其实××（一个人

名）叔叔说的是他自己的想法，你可以问问他怎么不好，如果你觉得你不同意呢，你可以告诉他你自己的意见。"于是，小朵朵就很"理直气壮"地去找那个叔叔了。

● 家长的态度是对孩子行为的催化

孩子在意外来的评价，总好过不在乎自己的形象、不在乎别人的眼光。说明孩子的社会化期待较高，愿意成为一个受人夸赞的人，愿意成为一个在社会上获得良好评价的人，这是积极的一面。只要孩子不是沉溺于外在的夸赞中，除了修饰打扮什么都不想，甚至要整容等，愿意让自己更美好是正常的心理诉求。而家长的态度更是对孩子行为的催化，一个家长淡定、理智、不情绪化地批评孩子，胜过其他一切负面的、夸大的对孩子的影响。

我记得一个咨询中，那个孩子被同学列举了一系列的"毛病"，家长也觉得孩子有这些毛病。而我们在重新探讨了孩子的这些所谓的"毛病"，家长看到了其中正向的、良好的品质。比如，同学说这孩子"不会看人说话，没眼力见儿"，我们重新看到的是孩子很"真实和坦率"等。

所以，不论孩子多么在意外在的评价，家长接纳、包容和淡定的态度是孩子的"定心丸"。

孩子特别介意被人评价自己的外形：

话术

● 妈妈发现你很在意别人说你怎么样，你能告诉妈妈你在意他们说的哪些话吗？你的感受是什么呢？

● 每个人都会被别人说，咱们也有说别人的时候，这个很正常，没关系的。

● 你看，别人有自己对人的看法，你也有是不是？所以，每个人的看法都是从自己的角度出发的，你可以参考，但要有自己的见解。

心理小知识

　　儿童的自我评价从"依从成人的评价"开始，逐渐发展到开始有自己独立的评价；从"对外部行为表现的评价"向"内在品质评价"转化；从"简单、笼统的评价"发展到"较为具体的评价"；从"主观情绪性评价"向"初步客观性评价"发展。进入青春期后，孩子会强烈关注自己的外貌和体征。

孩子喜欢化妆，过分在意外表：

允许和陪伴孩子享受爱美的体验，孩子便不会流连其中

　　一般，经常化妆的妈妈会影响孩子的化妆行为。孩子喜欢化妆和孩子喜欢玩具有类似的地方：化妆品五颜六色、工具多样、气味芬芳；妈妈在化妆过程中的专注和享受，都会吸引孩子的兴趣。

　　教育家裴斯泰洛奇说，母亲是孩子未来关系的理想典范。母亲就是孩子的标杆，是孩子的人生参照物。孩子模仿妈妈，也是期待得到妈妈的认可、夸赞，也是与妈妈靠近和亲近的方式之一。

●孩子的"臭美"行为，多数只会持续一个短暂的时期

小姑娘笑笑，从三四岁就效仿妈妈，为了保持身材苗条而不吃晚饭；小姑娘琪琪在四岁半的时候，忽然开始拿着妈妈的化妆品往自己脸上涂抹；小男孩淘淘在五六岁的时候，经常在妈妈化妆的时候，很认真地观看，并用妈妈的口红往自己嘴上抹。如此的例子很多。但在上学以后，由于学校的要求和检查，孩子在平常的日子就不再接触化妆品了，多数只有在文艺演出的时候美上一把。而平常的节假日聚会，女孩子虽然内心很想化个妆美一美，但上学以后的孩子，由于受社会化影响，他们也会考虑是否会被同龄人笑话而抑制住自己的欲望。

在三四岁的时候，由于自我意识的发展，儿童自主欲求也逐渐增加，开始关注自己身体的变化。孩子的"臭美"行为，多数只会持续一个短暂的时期。而一个宽容的妈妈，会让孩子在这个时期尽情享受"臭美"的过程，甚至和孩子一起化妆，并引导孩子怎样更好看，而不是更"吓人"。孩子在妈妈的允许和引领下，充分享受了打扮爱美的体验。当这个过程度过后，孩子就不再流连其中了，就会被其他的追求所吸引。

●家长不是需要引导，而是在于允许和陪伴

孩子在3岁之前，最晚到6岁，孩子在心理上主要呈现对母亲的认同，而在3~6岁，则有一个重要的心理历程，他们要完成与母亲的心理分离，认同父亲。这是非常有意义的成长标志之一。所以，当孩子在母亲认同的阶段可以在完全被接纳中度过，那么，孩子会自然

过渡到父亲认同的阶段，孩子对于女性化妆的兴趣会自然减弱。孩子在哪个时期的心理发展滞留，就说明在那个阶段的心理感受没有得到充分的享受，所以，家长在孩子化妆和所谓"过分"在意外表这件事上，不是需要引导，而是在于允许和陪伴。作为家长，可以在你觉得需要和孩子在这个方面有必要谈谈的任何时候，采取尊重和好奇的态度，以不同的方式沟通。

比如，对小的孩子可以说："你那么喜欢化妆，是想化给谁看呀？"假如孩子说是给妈妈看的，可以继续问："那你希望妈妈看了以后说什么呀？"孩子的行为一定是想和某个人或某个事物建立连接，这样的问话，可以让父母看到孩子重视的关系，同时，孩子的关注点就是孩子觉得享受不够的地方，可以引导家长调整对待孩子的方式。

假如是上小学或更大一些的孩子，家长更需要注意不要伤害孩子的自尊心，可以试探性地问孩子"我看到你对化妆很在意，是觉得自己哪里需要美化吗"，这样的问话通常不会引发孩子的抵触心理。有可能会开启家长想不到的亲子对话。

孩子喜欢化妆，过分在意外表：

话

术

● 大人化妆是因为皮肤不嫩了，五官都不精神了，在外面要有好的精神状态，让我们看起来更年轻，而小孩子本来就是嫩的年轻的。况且化妆会让皮肤老得快，你愿意老得快吗？

● 演出的时候，化妆是要让很远的人看到我们眼睛嘴巴表现的表情的，而平时，小朋友化妆会显得太夸张了。

● 你那么喜欢化妆，是想化给谁看呀？妈妈和大家都觉得你本来就很好看！"清水出芙蓉，天然去雕饰。"你现在就是清水中最嫩嫩的芙蓉啊！

如何应对孩子的"为什么别人可以，我不行"：
孩子对家长的反抗，是获得自己独立人格的过程

对于孩子问的"为什么别人可以，我不行"，通常来自孩子两个方向的提问。

● 对于能力培养方面的事情

比如，"为什么别人可以参加夏令营，我不行""为什么别人可以自己收拾书包，我不行""为什么别的同学可以自己决定买什么，我不行"等。

有的家长会说："你的暑假作业都完不成，还想参加夏令营？！"或者会说："你书包要是能收拾好我还能不让你收拾吗？"可能还会说：

"别的同学不会乱花钱，你可以吗？！"这样说，都是在否定孩子的能力，都是在阻止孩子对自我管理能力的培养。

而从更深层次的心理动因分析，其实，这是父母自己的不自信，不敢相信自己可以有一个各方面优秀的、有能力的孩子。假如父母可以放手，让孩子发展适龄的能力，孩子会越来越有自信，越来越有独立的能力。再者，父母在否定孩子能力的同时，是可以从中获取自己全能感的，这是家长需要自我觉察的。一个什么都能的家长，是可以把自己的孩子"废掉"的。

对于此类能力培养方面的事情，家长可以强调不让孩子去做，主要是为了孩子的安全。可以和孩子讨论如何保障安全。

可以问问孩子"你希望怎样，你希望我们怎么支持你"，并和孩子探讨他的希望是否合理，探讨家长如何支持，家长是否有能力和条件满足。

●针对某些不好的行为

例如闯红灯、不讲礼貌等，孩子想要模仿，家长说"没有为什么，告诉你不行就是不行"。家长面对孩子的问题，有的时候会觉得不耐烦，或者不知道如何回应，觉得和孩子解释起来麻烦，而且家长的一个回答，会引发孩子一连串的提问，家长本来就觉得心里装着很多事儿，实在不愿意和孩子"废话"。可是作为孩子，就是喜欢家长的"废话"，不喜欢家长盯着自己的行为、学习等。

在这类问题上，家长需要克服自己不耐烦的心理，当你和孩子就一些社会现象、人们的行为表现；就外面的世界，如看到的花草树木、日月星辰、天气变化等展开一些话题的时候，或许家长自身工作的压力、生活的烦恼也会减少许多，更可以获得孩子给你带来的惊喜，而不是"惊吓"。

家长可以带着孩子站在那里观察一会儿现场的状况，之后问孩子"你看着他们闯红灯过马路，你的感受是什么"，如果孩子说"我觉得很危险、很没有修养……"，家长正好可以"顺水推舟"地提醒孩子"是吧，你也觉得危险，也觉得他们不遵守公共秩序是不好的，那你就知道我为什么说不行了吧"。

假如孩子说"没怎么样啊，他们不是过去了，也没什么事儿啊！也没警察管啊……"，家长不要急，这时候可以坚持正确的观点，但需要注意态度和措辞。家长可以温柔地坚持："他们是过去了，但是他们这样的行为是不对的！你上学了，就是懂文明、有修养的学生了。不好的行为就是不可以去学去做的！"在坚持的态度下，家长需要使用正向的语言，并且需要耐心给孩子一个解释，而不可态度生硬、语气激烈。

家长自己或许在成长过程中受到过各种各样的"心理创伤"，但这不是"如法炮制"给孩子的理由。即使那些不愉快的经历在我们的潜意识中起着作用，但我始终坚持认为，一个人在成长过程中是可以用自己的力量去改变、去修复那些所谓"创伤"的。

记得清朝郑燮《竹石》一诗写到："咬定青山不放松，立根原在破岩中。千磨万击还坚劲，任尔东西南北风。"人是大自然的成员之一，人类也具有自然物种的属性，也可以自己战胜困难，生长壮大。

我们成年人如此，孩子也是如此。

如何应对孩子的"为什么别人可以，我不行"：

话

术

- 你可以行，只是你需要考虑你做了以后产生的后果，你看一看自己能接受多少。

- 你如果很愿意尝试，那么咱们分析一下会发生什么以及如何应对好吗？

- 如果你想好了，你可以试着自己去做，爸爸妈妈可以帮助你渡过难关。

- 如果你觉得这样做是好的，爸爸妈妈愿意支持你，只是你需要给我们讲一讲，你看怎么样？

心理小知识

　　孩子对家长的反抗、质疑，是孩子在成长过程中不断想要争取、获得自己独立人格的过程，只是他有时不知道哪些东西是他这个年龄该争取的和应该获得并使用的。孩子的独立是一步步实现的，不是一蹴而就的，也不是压制就可以的。

孩子知错不改：

父母严苛的态度是孩子心灵成长的大忌

有的家长问："孩子，你知道错了吗？"

孩子："知道。"

家长："能改吗？"

孩子："能。"

结果错误依旧犯。家长怎么办呢？

其实很多问题深究起来，道理都差不多，针对这个问题，我就带领大家深入地从脑科学的角度来探讨一下。

● 孩子大脑的发育未完成，决定了他的行为是受限的

小一些的孩子，认知上还没有发育完全，即便上了学的孩子，他自己的自控能力也是受限制的，这是和大脑发育分不开的。家长不可过于追求完美，也不可总是盯着孩子的问题。有些问题在大人看来是问题，但从孩子的角度，就是他很正常和真实的状态。而父母严苛的态度才是孩子心灵成长的大忌。

家长可以对孩子的行为、言语有要求。但孩子大脑的发育未完成，这就决定了他的行为是受限的，家长不能一味地将其定义为"犯错"。家长严厉的语气会让孩子觉得他的世界是紧张的、是不舒适的、

是委屈的，甚至是恐惧的，而这种恐惧感会直接作用于孩子的大脑。

脑科学专家的研究表明：受虐儿童的大脑，连接两个脑半球的胼胝体比较小，小脑皮质的血流量比较少。这会影响孩子的情绪，这样的孩子容易情绪不稳定，动不动就发脾气。而长期的受虐就会改变大脑结构，让他变得更加情绪化甚至会动手打人，严重的甚至于长大后形成反社会型的人格。

● 非暴力沟通"四步走"

如果家长发现孩子的所作所为有不好的地方，可以学着与孩子用更温和、更客观、更接纳、更正向的语言沟通，而不要去给孩子定义为"犯错"。语言的伤害是更深刻的，刺激性、伤害性的语言和表达方式给孩子带来的负面影响也是不可忽视的。家长批评孩子的言语，虽然自己一时痛快，满足了自己的某种愿望，却忽视了孩子的感受和需要，给孩子造成心理上的伤害，以至于孩子对父母疏远。这些伤害型的语言和表达方式，有专家称之为"异化的沟通方式"。

前面的文章中我们讲过非暴力沟通的语言模式。"非暴力沟通"是 Nonviolent Communication（NVC）一词的中译，又称爱的语言、长颈鹿语言等。

NVC 相信，人的天性是友善的，暴力的方式是后天习得的。NVC 还认为，人的行为是满足一种或多种需要的策略。NVC 提供的沟通技巧则通过建立联系使我们能够理解并看重彼此的需要，然后一起寻求方法满足双方的需要，从而让沟通的双方得以情意相通、和谐相处。

非暴力沟通的公式是：观察—感受—需求—请求。什么意思呢？

下面给大家拆分出来解析。

第一，观察。即用客观的眼光来看待你眼前的情景。比如，你每天回家，都是看到"孩子趴在床上拨弄手机屏幕，书包扔在地上，书本一半在书包内一半在书包外，孩子的衣服上面有灰尘"。而且怎么批评教育，孩子都不改，老毛病依旧。

那么，从今天开始，你可以用客观的语言描述上面这个场景，注意这里面不要用到"玩儿"手机，因为你不知道孩子在用手机干什么，或许在和同学交流功课也被看成是在"玩儿"。上了一天学回到家，即使玩儿一会手机也是可以理解的，如果每天都禁止孩子动手机，这就好比"禁果"之于亚当夏娃，越禁止，孩子的心越痒痒。你也不说孩子把书包"扔在地上"或者"孩子把衣服弄脏了"因为你没有看到他"扔"书包的这个动作，衣服是怎么脏的，你也并不知道。你只可以说自己所看到的和了解到的全部事实！

第二，感受。倾诉你此时真实的感受、情感状态，并尽量说出导致你情感变化的底层原因。比如，家长可以说"看到你在家的这个场景，让我觉得很堵心，我觉得我要生气了，因为我觉得一进家就面临要收拾这些的局面，感觉好累"。这样的对话，我曾经用在自己的孩子身上，他居然一翻身从床上起来回应说"不用不用，我自己收拾。我把衣服换了，我可以自己洗"。听到这话，令我窃喜，马上回答孩子说"那好吧，那我做饭去了，你也先吃点儿零食，别累着啊"。于是，家庭气氛是轻松而和美的。

第三，需求。表达你需要获得什么样的结果。家长可以接着表达"我很希望回到家看到你的房间是整洁的，书包、书本都放得好好的，希望你回家可以先洗洗脸换上干净衣服，至于你自己想做什么都可以，只要是能保持干净整洁的，我就觉得很开心"。这样表达需求，从孩子角度来讲，没有强迫、没有指责、没有命令。有的只是平等的对话，有的只是家长平和的心态，有的只是对孩子的尊重，同时也有明确的要求与期待。

第四，请求。最后给出你要获得的这个结果，需要对方具体执行哪件事。

我们把上面四部分串起来，可以试着对孩子说："回家后，我看到你一身脏衣服趴在床上，书包和书本散落在地上，我很生气，因为我喜欢干净和有良好习惯的生活。我很希望回家能看到你的房间干净整齐，你也是干干净净的。你可以满足我们这个要求吗？"

孩子很怕父母是板着脸的，他会觉得父母是因为他而不高兴。哪怕家长多年来都不习惯有一张笑脸，但为了孩子，可以重新来调整自己的表情。表情变了，心情慢慢也能跟着变好。家长也可以看不到孩子的"错误"，而是看到孩子能力的不足，也就知道如何帮助孩子了。

导致我们看问题的角度和情绪的波动，都不是环境、事件与他人，而是我们的内心，一切观点和情绪都是内心的写照。我们觉得孩子的犯错，多数是家长感到了麻烦和引发了自己的情绪体验。如果可以，请看到孩子行为背后他的期待和愿望。多问问孩子的"想要"比批评教育要好很多。

孩子知错不改：

话

术

- 我看到你……（观察到的场景）

- 我很……（感受）

- 我很希望……（需求）

- 你可以满足我们这个要求吗？（请求）

心理小知识

　　非暴力沟通公式：观察—感受—需求—请求。

　　观察。即用客观的眼光来看待你眼前的情景。

　　感受。倾诉你此时真实的感受、情感状态，并尽量说出导致你情感变化的底层原因。

　　需求。表达你需要获得什么样的结果。

　　请求。最后给出你要获得的这个结果，需要对方具体执行哪件事。

孩子输掉了很看重的比赛，心情沮丧：
孩子的胜负观，多来自家长

我们队输了……

　　孩子在成长的过程中，对待一个事物的认知，受父母的影响更大。父母是孩子的第一个老师，父母说什么不重要，父母是怎样的人更重要。

　　一个自己很要强，处处要争胜负的家长，即使再怎么安慰孩子"比赛输了不重要，重要的是参与"，孩子都是不会认可的。孩子会说："你们说的好听，不过是安慰我，你们不也是要和别人比这比那的吗？！我现在就是很难过，就是不服输！"

　　所以，家长说"真心话"，比说一些好听的、安慰人的话，鼓励人的话都管用。

●在措辞委婉的情况下去表达真实的感受和想法

在一次咨询接待中，坐在我对面的来访者是一个女孩子，她在学校的演出角色被另外一个明显不如她的女孩子给替代了，而且对方还在她面前炫耀，她很"不舒服"。她向我讲述这个过程，包括在学校受到的其他女生的欺负，在听她的讲述时，我一会儿气愤、一会儿委屈、一会儿想动手去打那些欺负人的女生。但整个讲述的过程，她都是带着微笑讲的，声音轻柔。在告一段落的时候，我告诉她我的情绪和感受，终于，她把微笑收起来的一瞬，眼泪夺眶而出。这就是我们在心理咨询中讲的"同感共情"——站在对方的角度，体会对方的情感，哪怕那情感压抑在心底，我们依然可以感受得到。

我相信，作为家长，也是可以感受到自己孩子的情绪的。尤其是母亲更能体会孩子的感受，同时也会有自己的感受，我们都说母子连心，这是有道理的。那么，家长可以在措辞委婉的情况下去表达真实的感受和想法。

孩子输了，家长心里如果替孩子惋惜，那么，可以直接表达："真的是好可惜啊！好遗憾啊！咱们都准备了那么长时间，下了那么多功夫，太可惜了！不开心是不是？"可以一边表达一边触摸孩子的手臂表示安慰。

如果家长自己觉得没什么，也可以真实表达，但家长要顾及孩子的感受："嗨，我都没特别在意这个比赛。但是我知道，你很希望能赢，所以你很不开心。这个我很理解。"继而家长可以多关心一下孩子："你希望我们怎么安慰你呢？我想，你一定有你的期待。"孩子可能会说："让我自己待会儿，我想一个人安静安静。"这时候家长如果放心，就可以说"那好吧，随时叫我们，爸爸妈妈听你的"。如果父母不放心孩子一个人待着，可以说"但是，我们想和你在一起啊，咱们是不是去哪里散散心啊，正好今天有时间，就先放松放松吧"。

●家长首先认清自己的情绪面貌，然后再去面对孩子的情绪

有的家长问，我们需要教导孩子强烈的胜负心吗？

其实，孩子的胜负观多来自家长。家长自己的胜负心较强，就会耳濡目染地传给孩子。

孩子对于胜负，本来没有很清晰的态度，孩子的态度多是父母的态度。孩子对待自己的态度、孩子如何看待自己，多是家长的态度投射的结果。孩子对自己的期待，也多是父母对孩子的期待。对待比赛、竞争，假如父母内心是开放、轻松、大度的态度，孩子就不会那么在意。假如父母内心很在意，嘴上却说没关系，孩子仍能体会到父母心里的感受，他就会按照父母心里面的真实感受来作为自己情绪的标准。

所以，家长首先学会自我的内心觉察，思考自己情绪的来源，认清自己的情绪面貌，然后再去面对孩子的情绪。

我在咨询中常会使用一个句式，这里也想请家长思考一下："你觉得自己够好吗？你觉得自己值得拥有一个好的孩子吗？你觉得无论现在输赢，将来你的孩子一定会很优秀吗？"

我自己的答案是"是的"。

孩子输掉了很看重的比赛，心情沮丧：

话
术

● 当家长心里在意时可以说："真的是好可惜啊！好遗憾啊！咱们都准备了那么长时间，下了那么多功夫，太可惜了！不开心是不是？"

● 当家长心里不在意时可以说："嗨，我都没特别在意这个比赛。但是我知道，你很希望能赢，所以你很不开心。这个我很理解。你希望我们怎么安慰你呢？"

心理小知识

　　"同感共情"在心理咨询中，泛指咨询师能够准确体察把握来访者的内心感受。指一种在理解的基础上对他人的情感与动机等心情的认同，或是一种能够体验到别人的情感与心情的能力。著名心理学家阿德勒指出，所谓同感共情就是咨询师穿上患者的"鞋子"（站在患者的立场上），来观察与感受患者的体验，换言之同感共情力就是咨询师能够体察把握来访者的内心感受并产生思想共鸣的能力，它要求咨询师尽力以另一个人的思想和情感去感受、体会、反馈周围的人和事，以求得两人之间的情感对焦和思维并轨。同感共情力同样可以帮助父母在亲子沟通中，可以站在孩子的角度去感受、体会、反馈孩子所表达的情感和情绪体验。

孩子表现欲太强，喜欢直接指出别人的错误：
不同教养方式塑造不同孩子

孩子喜欢直接指出别人的错误，在有些家长看来是孩子的"表现欲太强"。我问过一些孩子"你在指出别人错误的时候，是怎么想的呢？"孩子的回答各不相同。

有的孩子说："就是他错了，我没想什么啊！"

有的孩子说："我觉得他错了，我就说出来了，没想什么啊。"

还有的孩子说："他做错了，我要不说出来，他也不知道啊！"

大部分孩子指出别人的错误，都是很简单的想法，和表现欲没有太多的关系，他们只是单纯地认为对方有错就应该指出来，并且觉得这是对同学好。但也有一种情况，孩子嘴巴讲出来的和内心的想法并不一致，他知道怎么说可以让老师觉得他是单纯的好孩子。

●家长切不可随意给孩子"贴标签"

最了解孩子的，还是孩子的父母或家人。家长会探测到孩子行为背后的心理活动，会通过孩子的行为看到孩子的表现欲强。只是，家长也许不知道，自己对孩子的评价，也会带有自己内心的投射，也就是家长自己觉得孩子这样的行为就是表现欲强，因为家长会以成年人的经验来揣测孩子。

家长在给孩子的行为下了定义或得出评价后，就会疑惑孩子为什么会有强烈的表现欲。有的家长会说："我们都是很不爱表现自己的人啊，我们都很低调的，这孩子随谁啊？"甚至担心孩子这样强的表现欲，会影响孩子的人际关系，以至于未来走向社会后吃亏。

我的亲戚中，有一个妹妹在小学时被老师"针对"，以至于之后很长一段时间都不自信。而这个"针对"学生的老师，就是在以自己的眼光看待学生的行为。她并不知道她对孩子的行为会给孩子造成不好的影响。

所以，我们做家长的切不可随意给孩子"贴标签"。

●孩子更希望在父母面前表现出他很有原则和标准

一般来讲，无论家庭经济条件是否优渥，只要家长、其他长辈对孩子爱护有加，家教和家庭的规矩比较严格，这样的孩子，通常自信度比较高，自我意识也比较强，孩子的表达也不需要拐弯抹角。

美国心理学家罗伯特·费尔德曼在《人的毕生发展》一书中把父母分为四类，即"专制型父母""放任型父母""权威型父母"和"忽视型父母"，其中权威型父母的孩子表现最好。他们多表现为独立、友好对待同伴，自有主张而又具有合作精神。他们追求成就的动机很强，并且常获得成功且受人喜爱，无论在与他人的关系还是自我情绪调节方面，他们均能有效调节自己的行为。但是，在权威型父母的教养下，孩子的超我也比较强，眼里"揉不得沙子"，看不惯他认为不对的事情，并且他可以很自信地给对方直接指出来。如果这样的孩子很少获得父母长辈的表扬和夸奖，比如孩子做得再好，家长也会从中挑出毛病，而不是孩子做了一点儿的好，家长就及时表扬，那么，孩子的评判心也会较强，会以家长对自己的标准衡量他人，也会把这个标准"升华"到其他的事物上。

孩子更希望在父母面前表现出他很有原则和具有更高的标准，是一个优秀的个体，能够让父母满意，并获得父母的赞扬。那么，如何让父母知道他的正确与优秀呢？评价别人就是一个很不错的方式。同时，优越感又使得他很少去考虑别人的感受，表达也就比较直接，就会喜欢指出别人的不是。

但是，很多父母不仅没有想到要表扬孩子的素质高，反而又会从中看到孩子的问题，这就会给孩子新一轮的打击，让孩子持续地认为自己达不到父母的要求。孩子要么就会更加严格要求自己，要么就自暴自弃。

家长需要审视一下自己的行为是否有上述的特征。也要看一看自己是不是也喜欢评判别人，并在孩子面前经常评价和评判他人。

●正向的、鼓励的语言，会改变孩子的心理感受和思维、行为

虽然怎么做重要，但家长还是要学会和孩子讲话。语言是思想的外在表现，明末清初的著名画家"八大山人"朱耷说"文乃心声、诗乃言志、画乃抒情"，在此，我们可以加一句"言乃致行"。我们不断重复的语言是带有倾向性的引导，这个引导会带来思维和行为的改变。好的、正向的、鼓励的语言，会改善孩子的心理感受，会正向改变孩子的思维与行为。

另外，我个人并不觉得孩子喜欢表现自己是不好的，也不觉得孩

子喜欢指出别人的缺点是不好的。这要辩证地来看。要看背景的情景，要看孩子表现的"度"。假如太过了，是需要家长帮助"勒一勒马缰绳"，帮助孩子去分析他行为的动机，并给予孩子多一些肯定的角度的。

比如，家长可以说：

"我看到（听说）你今天指出××（孩子同学的名字）的错误了，你很坦率。坦率是好的品质。那么，你知道他的感受是怎样的吗？他愿意接受吗？"

"哦，原来他并不觉得自己做得不对，看来你有你的规则。那你觉得他是违背了什么规则呢？那个同学认可这个规则吗？"

"我看到你能经常找到别人的错误，看起来你对自己和别人的要求都比较高，这一点很好，说明你很上进。"

"那么，你是否问过别的同学是否也知道这些要求呢？同学可能有他自己的观点，你们有没有去交流呢？"

通过问话，通过找到孩子行为的正向意义，并加以称赞和表扬，再引导孩子可以多听听他人的想法，从不同的角度看待事物，可以让孩子开阔眼界和思路。这样，孩子的评判渐渐少了，心胸宽了，就会接纳许多和他的不同了。

最后，强调的是，在孩子认字的年龄，多读一些经典的书籍，少看一些漫画类的或删减版的图书，让孩子从文字的阅读中开拓视野、开阔眼界、促进思考，形成更高层面的人生观、世界观和价值观，孩子的境界升高了，自信和豁达就会随之而来了。

孩子表现欲太强，喜欢直接指出别人的错误：

话

术

- 我看到（听说）你今天指出××（孩子同学的名字）的错误了，你很坦率。坦率是好的品质。那么，你知道他的感受是怎样的吗？他愿意接受吗？

- 我看到你能经常找到别人的错误，看起来你对自己和别人的要求都比较高，这一点很好，说明你很上进。

- 那么，你是否问过别的同学是否也知道这些要求呢？同学可能有他自己的观点，你们有没有去交流呢？

心理小知识

不同教养方式塑造不同孩子（罗伯特·费尔德曼）：

1.专制型父母：对孩子有要求低回应。控制、惩罚、严格、冷漠，他们的话就是"法律"，要求孩子无条件服从，不能容忍不同意见的存在。专制型父母的孩子更倾向于性格内向，表现出相对较少的社交性，他们不是非常友好，经常在同伴中表现不自在。女孩特别依赖父母，男孩往往表现出过分多的敌意。

2.放任型父母：对孩子没有要求但高回应。他们几乎不对孩子提出要求，并且不认为自己对孩子的行为结果负有很大责任。他们很少限制孩子的行为。放任型父母的孩子倾向于依赖和喜怒无常，而且他们的社会技能和自我控制能力很低。

3.权威型父母：对孩子有要求高回应。权威型父母是坚定的，制定清晰且一致的规则限制。对孩子严格但深爱着孩子，并给予孩子情感的支持。他们尝试与孩子讲道理，解释为什么应该按照特定的方式行事，并且与孩子交流他们所施加惩罚的道理。权威型父母鼓励他们的孩子独立自主。权威型父母的孩子多表现为独立、友好对待同伴、自有主张而又具有合作精神。他们追求成就的动机很强，并且常获得成功且受人喜爱，无论在与他人的关系还是自我情绪调节方面，他们均能有效调节自己的行为。

4.忽视型父母：对孩子没有要求且低回应。实质上他们表现出对孩子没有兴趣，伴有漠不关心、拒绝等行为。他们在感情上疏离儿童，视自己的角色仅仅为喂养、穿衣、提供庇护场所，甚至忽视儿童。忽视型父母对孩子的介入较少，对孩子的情感发展产生了相当大的负面影响。导致他们感受到不被爱和情感上的疏离，并且也阻碍了他们身体和认知上的发展。

孩子做错事，总爱找借口推脱责任：
每个生命都是趋利避害的

看到这个题目，我脑海中产生的第一个念头是"假如孩子做错了事，不找借口，直接承认，会是什么后果"。

他或许会被批评得很惨，这让他相信"坦白并不从宽"；如果不是很严重的事情，他会被批评，不需要承担太大责任，却也心里面不舒服；如果后果很严重，会严重到他无力承担或承担不起。无论哪种后果，这个孩子都不愿、不敢、不能够接受和面对。他无处可逃，他也没有能力逃跑，他又承受不了，那么这个孩子还能怎么办呢？找借口、不承认，这样总会让自己觉得好过一些。

这也是心理学中所讲的防御机制。

● 换个角度，重新理解孩子的行为

防御这个词很明显了，就是对事物的防范和抵御。就好比古代打仗，一堵厚厚的城墙，抵御外面的攻击，防止自己的城池被入侵、遭践踏。

若把城池换成内心世界，我们也担心自己的心理防线被冲破，自尊心被攻击、被践踏。于是我们启动心理的防御机制，让我们觉得我们的自尊还在，让我们觉得自己还没有那么糟糕、不可救药。

所以，从这个角度看，孩子做错事找借口，我们可以重新理解孩子。

第一，孩子能够找借口，说明孩子自己还是知道他做的是不对的，并且他也知道什么是对什么是不对。而他要让自己不对的行为看起来是对的，就要去找借口。这说明孩子是有是非观的，只是行为上没有做到而已。

第二，孩子找借口，说明他很想让自己成为一个好孩子，一个做的事情都是对的、都是正确的好孩子。说明孩子有一个向善向好的愿望，我们做家长和长辈的，都要成全孩子这样良好的愿望。

况且，孩子做错事这件事，或许不是孩子找借口，而是以孩子的年龄、他的认知的发展，他就是觉得可以这样解释的。

再或者，事情的真相就如孩子自己解释的那样，家长有没有弄清楚事情的原委？愿意不愿意给孩子一个澄清的机会呢？

几年前的一个晚上，我曾经的助手小杨来电话说："张姐，我孩子的老大这一段时间很难管，你听，现在他还在屋子外面疯狂地敲鞋柜，用锤子敲，他奶奶正和他嚷嚷，我们家都乱套了。最近孩子特别捣乱，怎么说都不听，我怎么办啊？！"

原来小杨刚生了老二，是个女孩儿，刚两个月。老大是个5岁的男孩儿。哥哥总想去看妹妹，可是妈妈说妹妹还小，你进来容易把病菌带进来，于是，总是把儿子往外屋赶。孩子这个把月就开始各种淘气、捣乱，终于演变到今晚的用锤子敲打柜子的行为了。

我听后说："你看，有了小妹妹，哥哥就变成了'病菌'，妈妈只顾照顾妹妹，还把他往外轰，是不是他就觉得妈妈不要他了，讨厌他了呢？这个小孩子怎么能够承受？可是他又不会表达，于是他就开始各种捣乱，以吸引妈妈的注意。而且，在没有妹妹的时候，你叫他宝贝，现在叫他大名，而称呼妹妹为宝宝，他连宝贝这个身份也被妹妹给抢走了，他会有多么伤心！"

我让这个妈妈马上出去对孩子说"宝贝！你在干什么呢"然后过半小时再给我回电话。

半小时后，小杨来电话："张姐，神奇了！我刚才开门像你告诉我的那样问他'宝贝，你在干什么呢'，他马上就停手了，不敲了，然后他说'妈妈，这个门坏了，我修修他……'。"

看，这个孩子就是典型的为自己的错事找借口，孩子内心知道他做错了，但他要给自己错误的行为找一个合理的借口，就是修柜子的门。而妈妈也不去揭穿孩子的行为，而是让孩子在正当理由的庇护下得以保住自尊。

●家长在学习如何培养孩子的同时，更需要自己的心理成长

对于孩子做错事，家长不要冷嘲热讽，也不要明知故问，而是真诚、包容地面对自己的孩子。

对于年龄小的孩子，家长可以仿照上面例子的妈妈问孩子"你在做什么"，看看孩子怎样去解释他的行为。

对于上了学的孩子，可以更直接一些说"你这么做我认为是错误的，不对的。你自己怎么看呢"。这样，既表明了家长的态度，同时又尊重了孩子的想法。孩子会有自己的解释，我们暂且不要定义他在

"找借口"，而是先选择相信孩子。

我相信家长都是希望自己的孩子往好的方向发展的，而家长对孩子的情绪，多是由于家长在自身成长过程中，一直以来积累的问题导致的，也有来自家长自己的原生家庭没有解决的冲突。所以，家长在学习如何培养孩子的同时，更需要自己的心理成长。当我们讨论事情的时候，我们容易心态平和，当我们陷入关系的对立中，我们更容易情绪冲动。而且，在孩子和家长对事件的讨论中，孩子会学习成年人更成熟的思维，更有利于孩子思维的发展。

●抛开对错，学会分析，辩证地看问题

每个生命都是趋利避害的，承认错误、承认责任会让孩子觉得自己不够好，这说明孩子是知道对错的。这样有是非观的孩子，家长会看到吗？如果能够看到这一层，家长对待孩子推卸责任这件事的态度就不一样了。

有的家长为了让孩子放心，会说："没关系，你说实话，即使真的是你的错，我们也不会责罚你，以后改了就行。"言外之意，还是你错了，你要是不说实话，就是错上加错。而且这样的话语还隐藏着："孩子你是不诚实的""我不相信你没有错"这一层意思。听到这样的话，孩子当然是抗拒的。

遇到这种情况，家长更好的态度是什么呢？

当然也不是说"我相信你没错""我相信你说的是实话""我相信责任不在你"等。这么说，也是不负责任的。如果家长这样说了，久而久之，孩子就会自欺欺人地以为自己真的没有责任了。

　　家长可以对孩子说："我想，今天这个事情一定事出有因。既然事情已经发生了，你愿意说一说事情的经过吗？"

　　你也许会听到孩子这样的反馈："妈妈，真的不赖我……"

　　这时，妈妈就可以引导："咱们不去讨论赖谁不赖谁，赖这个字不好。谁都有自己处理问题的方式，只是有的方式不是很好，妈妈可以和你一起探讨一下，你愿意吗？"

　　在孩子的成长道路上，总会遇到这样那样的问题，孩子学会分析，辩证地看问题，就不会纠结对与错，深陷在这样的思维里了。正如我们大人都明白的，有的时候，究竟孰对孰错是不容易确定的，尤其人与人的相处，都是互动的结果。

孩子做错事，总爱找借口推脱责任：

话
术

● 我看到你做了那样一个事情，能告诉我发生了什么吗？是什么让你觉得需要这样做的？

● 这件事你这么做，可以告诉妈妈你是怎么想的吗？我也有不同的观点，我想告诉你。

● 你这么做我认为是错误的，原因是……，你自己怎么看呢？

● 我很愿意尊重你的道理。但是，我认为你的道理我不太能够接受，原因是……

心理小知识

后现代的积极心理学对于一个人的思维和行为有这样一个逻辑：我们的思维和行为假如分成正向和负向的话，当我们强调正向的思维和行为时，这个思维和行为就会被强化，你不断地强调正向的思维和行为，它们就会通过量的积累，达到质的飞跃。对于孩子的引导也是如此。我们强调孩子思维和行为正向的一面，孩子就会顺着正向去发展；反之，强调负向的思维和行为，孩子的问题就会越来越严重。

如何教导孩子坦然接受批评：
被接纳和认可的孩子，自我价值感更高

我们先从"批评者"——家长谈起。

当我们年轻的家长从一个孩子成长为成年人，我们终于摆脱了父母对我们的约束，也不再那么害怕曾经总是对我们指点、教育、批评、控制的父母，我们终于感受到了独立、自主的自由。不久后，我们开始成为父母，但我们不知道如何对待我们的孩子。因为我们是第一次做父母，于是，我们曾经作为孩子的感受涌现出来，我们会想到自己的成长，回想我们的父母是如何对待我们的。我们会在自觉与不自觉中去模仿，同样对自己的孩子指点、教育、批评和控制。

另外，有很大一部分年轻人，在面对自己的孩子时，通常并不想要批评孩子，因为他们自己早期的经历还历历在目，他们希望自己成长中遇到的不愉快的经历不要在自己孩子身上发生。可是，他们既不敢赌一把散养孩子，担心孩子真的会落后于同龄人，也担心被自己的父母批评和指责。那么，最好的办法就是自己先主动站在父母辈的角度和最新的社会共识，自己给孩子指导与批评。这样，我们可以不必经受内在的和外在的对自己的批评。

所以，批评孩子这件事，多是我们的父母自己的事情，需要我们觉察我们批评的动机是什么，而不要用一种方法让我们的孩子坦然接受批评。

再来谈谈"被批评者"——孩子。

每一个生命生来独特，他们有自己的天性与特征。你看双胞胎，从出生那一刻，表现就不同。比如一个活跃，一个安静；一个爱哭，一个爱笑；一个醒来自己玩儿小手，一个醒来就大哭找人。

这样独特的生命个体，在起初，是没有谁觉得自己是好的或不招人待见的，孩子逐渐形成的自我意识和表现，多是从抚养者那里得来的，尤其是妈妈。每个孩子都希望自己被允许、被接纳、被认可，甚至是被表扬。这样，这个孩子才会觉得自己是好的生命个体，是好孩子，是值得被爱的，是值得拥有好东西的，是在一个安全而美好的环境的。那么这个孩子的安全感、自我价值感都会高。反之，家长的拒绝、指责、否认、批评等，会让孩子觉得他不好，甚至是很坏，是不值得的，是不被好好对待的，是没有价值的，是不配继续活在这个世界上的。这也是近些年中小学生自杀频发的重要原因。

●引导孩子，而不是批评孩子

有人愿意接受批评吗？显然没有，有人愿意坦然接受批评吗？我想更不会有。大人也不会做到坦然接受批评，怎么会如此要求孩子呢？

"己所不欲，勿施于人"出自《论语》，意为："如果自己身体不想要的结果或精神，就不要使得别人遭受这样不想要的结果或精神。"孔子所言是指人应当以对待自身的行为为参照物来对待他人。自己不喜欢，也不要给对方增添烦恼。孔子的这句话所揭示的，既是处理人际关系的重要原则，其实也可以用在我们家长对待孩子的态度上面。

　　家长可以引导孩子"你这么说（做）是不对的，这样说（做）才是对的"。我们在和孩子的对话中，避免一些负面的词，比如"错误""吵闹""讨厌""没用"等，而最好用下面的词替代，如"不对的""要安静""不喜欢""要出息"等，强调的都是正向词汇。如果需要描述孩子的不好行为，就在好的词汇前面加一个"不"字。那么给孩子的还是一个正向的概念，孩子会顺着好的语言去成长。

孩子寄宿在别人家感到自卑：
让孩子在有连接和有保障的关系中获得安全感

这里需要先澄清一件事，就是寄住在别人家，和自卑感没有直接的关系。在孩子的心里，本来是没有高低贵贱之分的，只有他喜欢或不喜欢，是不是能玩儿到一起去。但是家长会有，家长会将身份、地位、金钱加以比较。无论哪方面低了，都容易产生自卑感，并把这种姿态传给孩子。

●孩子无论被寄宿在谁家，都会觉得那里是"别人家"

曾经有一个找我来咨询的小伙子，说自己有社交恐惧症，很痛苦。我问他为什么给自己这个定义，他说因为职场人际关系的问题、婚姻关系的问题、和母亲关系的问题等，让他觉得自己很失败。当我们谈到他小时候最不愉快的时光时，他说是在外婆家住的那些年，他觉得是他妈妈不要他了，把他寄养在外婆家，他恨妈妈！八九岁的男孩子，正是淘气的时候，和同样寄宿在外婆家的表姐相比，他觉得外婆很歧视他，加上其他的一些原因，他也很痛恨外婆和表姐。他就一直觉得在女性面前很自卑。从心理学上讲，一个孩子和母亲关系的好坏，决定了他未来的人际关系好坏，对于男生，则会更多影响他的婚姻关系。

在我的来访者中，有的孩子从小寄住在爷爷奶奶家或者姥姥姥爷家，不论从几岁住到几岁，几乎没有一个孩子觉得那个是自己亲人的家，都觉得是住在别人家，哪怕老人再疼爱孩子，孩子也会觉得这不是自己家，他依然会期待和自己的父母住在一起。

所以，不管孩子寄宿在谁家，为什么寄宿在这个家庭，这个家庭的某个成员和家长是什么关系，都要很清晰地给孩子讲清楚，让孩子了解大人之间的关系，孩子会在有连接和有保障的关系中获得安全感。比如，孩子寄住在爷爷奶奶家里或姥姥姥爷家里，父母要告诉孩子"他们是我的爸爸妈妈，就像妈妈（爸爸）和你的关系是一样的"，或者说"这是我的姐姐家，我们都是一个爸爸和一个妈妈，都是爱你的亲人"。尤其注意的是，不能让孩子觉得是父母不要他，他才住在别人家里。父母还要和孩子解释清楚，为什么把他留在这个家庭中，比如"是爸爸妈妈要在外地工作，为了服从单位上的安排，但是，我们会多久回来几天，你在这里好好的"。可以晚上视频通话，大孩子也可以写信。并且可以和孩子相约爸爸妈妈回来的时候给他带什么东西。这样给孩子一个确定的期待，让孩子在等待中保持一个相对踏实的心理状态。

●自卑源于比较，家长不去比较，孩子就不会去比较

对于孩子，家长首先要教育的是如何让孩子适应这个家庭的生活习惯，要尊重这家的长辈、谦让这家比他小的孩子等。在寄宿的家庭中，要学会帮助做一些家务，客居的心态不是自卑的心态，而是尊重主人、不给他人添麻烦的心态，这是中国人的处世态度。如果对方是

外国人，家长可以带领孩子了解对方国家的文化，并且和对方的家长充分交流，不仅了解对方，也要让对方了解自己的家人和孩子。彼此达成共识之后，再把孩子交到对方的家中。

另外能够帮助孩子保持自信的一点是，家长在把孩子寄宿到别人家的时候，可以介绍一些自己孩子的长处和优点，比如"小明很爱运动，他对体育比赛方面的事情也很有了解"，再比如"琪琪很喜欢画画，她画的画还在学校展览过"，或者"乐乐喜欢看书，喜欢把故事讲给别人听，他的记忆力很好"等。而且家长当着孩子面，向对方夸赞自己的孩子，孩子会被鼓励，会以此约束自己的行为和内心，但这个赞扬一定是真实的和正向的才行。这样，孩子不仅可以从中找到自信，同时也会让自己尽量去做到爸爸妈妈表扬的方面，将这种赞扬作为自己行为的准则和动力。

我们中国人容易在外人面前显得谦虚，说自己孩子的缺点，这才是容易让孩子产生自卑心理的做法。

自卑源于比较，家长不去比较，孩子就不会去比较。当我们的孩子因为某种原因，要寄宿在别人家里，家长可以感谢对方，但不必要觉得自己低人家一等，更不能让孩子背负这样的感受，否则孩子在这个家庭中会如入针毡之室。假如对方有一些言语表现出轻视，而这个家庭又没有人出来维护孩子，那么，家长应该把孩子带离这样的环境。因为，孩子还没有能力应对成年人的世界，家长要负起保护孩子的责任，直到他长大成人可以自己应对。

孩子寄宿在别人家感到自卑：

话术

- 爸爸妈妈因为一些原因（要很具体），你需要在××（孩子父母信任的人的名字）家里暂时住上（几个）月（或年），你可以每（几）天和妈妈爸爸视频通话或打电话，也可以和妈妈爸爸通信。咱们一起度过这个时间，到时候，妈妈爸爸就可以回来和你一起住了。

- 在这个家里，你要听大人的话，和哥哥姐姐以及弟弟妹妹搞好关系。有什么开心的事情可以和这个家里的人分享，也可以和爸爸妈妈分享，如果有什么不开心的事情，也可以悄悄和爸爸妈妈讲。爸爸妈妈虽然不在你身边，但我们会很关心你的每一天的。

- 爸爸妈妈只是暂时不在你身边，但是爸爸妈妈心里面是每天都关注着你的，你在这个家里面开开心心的，学习着适应在这里的生活，等爸爸妈妈回来讲给我们听你在这个家里的故事。

心理小知识

孩子在别人家里表现拘束，如果只是适度的，也是一件好事情，说明孩子有很清晰的"人际界限"，在这个人际界限的约束下，孩子可以变得更懂事、更成熟、更有分寸感。同时，也可以借此机会让孩子学习生活自理和自立。心理学家阿德勒在他的《自卑与超越》中写道："如果孩子不在合作中锻炼自己，就会越来越悲观，产生很深的自卑心理而无法自拔。……人生中的问题总是接连不断的，即使非常善于合作的人也会遇到各种难题。"所以家长大可不必过于担心孩子在寄养家庭中产生的自卑心理，家长的态度是更加重要的。阿德勒同时也讲到："当一个人遇到无法解决的问题却深信自己能够解决时，就会表现出自卑情结。……自卑感并非只有坏处，它亦可促使人去改变自身的处境。比如，人类只有认识到自己的无知，才会做好准备迎接未来，才会促使科学进步。……"

家长觉得自己做错了，怎么向孩子道歉：
学习做一个有主见，会"听话"的家长

现在的家长实在是不好当，小小的孩子中已经知道评判家长的是非者，大大有之。许多时候，家长还没有反应过来自己哪里做得不对，孩子已经指出来了。家长在孩子的"火眼金睛"下，变得小心谨慎，生怕自己哪里做得不对。

这样的家长和强势的家长正好相反，在孩子面前过于强调尊重孩子自己的意愿，尊重孩子自己的选择。但家长忽略了孩子在认知能力等许多方面还没有发育到他可以应对生活中许多事情的程度，他很需要父母给予引导、帮助、决策等。

●家长过早给予孩子不该承担的责任，反而不利于孩子的成长

人在每一个阶段，为自己做决定的能力是不断成长的，是随着年龄、力气、思维、认知、见识、经验等不断成长的。所以，家长过早给予不是这个年龄的孩子该承担的责任，反而不利于孩子的成长，就好像让"小马拉大车"是一样的。

在我的咨询个案中，你会看到家长在孩子面前谨言慎语，甚至吞吞吐吐，一边想说孩子的问题，一边又担心孩子不接受。再看孩子，也是要回答老师的提问时，都会先看一眼妈妈或爸爸。你会看到家长和孩子彼此的在意与关注。可越是这样，孩子越不满意，孩子很希望家长的态度是明确的，哪怕是坚决的禁止。这样的家庭代际互动，显然是不顺畅的。家长希望尊重孩子的想法，给予孩子自由的空间，让孩子有自己的判断。然而，这样反而让孩子无从选择，哪怕是高中时期的孩子，依旧也会觉得自己没有能力。

所以，家长其实不需要给予孩子太多的选择，尤其在孩子小的时候，过多的选择反而让孩子感觉无所适从，这好比把孩子放在一个无边无际的旷野中，让孩子自己选择去的方向。因为以孩子对外部世界的认知，他还不足以了解世间万物都是什么样子的，即便是大人，也不可能认识这大千世界的全部。家长可以在自己认知范围内给予孩子引导或建议，也更要重视孩子提出的想法，家长可以带领孩子去搜集相关信息一起分析。孩子在成长过程中，家长需要在认知能力、人格成长、习惯品行上给予引导、教育与培养。

●家长不是万能的，也不总是正确的

现在流行的一句话是："我们也是第一次当家长啊！"是的，每个家长都有第一次当家长的时候。而我们家长无论怎样做，都不可能有十全十美的结果，只能是在当时的那一刻，我们做了我们能做到的最好。况且，在孩子心目中家长没有做错的，只有孩子觉得委屈的。孩子在意的是家长对待自己的态度，而没有觉得家长做的什么是错的。所以，家长如果觉得自己什么地方做错了，去问问孩子："妈妈这件事是不是做错了？妈妈是不是让你觉得委屈了？"孩子通常都会说："妈妈你没做错，就是你讲话的态度好一点儿就行了。"孩子是很容易原谅妈妈的。

记得某个电视台做了一个节目，让妈妈背后评价自己的孩子，妈妈们几乎都会说出孩子的几个缺点。而当在私下问到孩子们对妈妈的评价的时候，孩子们无一例外地全部都在夸自己的妈妈多好、多棒、对自己多么好、多么伟大等。当记者把孩子们讲话的录像放给妈妈们看的时候，所有的妈妈都哭了。这就是妈妈，也是父母在孩子心目中的位置。孩子，尤其是年龄尚小的孩子，只要爸爸妈妈表现出对孩子的关爱和亲和，孩子几乎都会觉得父母是对的。

●学习做一个有主见但"听话"的家长

回到我们家长提出的问题："觉得自己做错了，怎么向孩子道歉呢？"

当家长自己觉得自己做错了，或者说错了话，如果孩子没有反应过来，只是家长自己的感觉。家长可以问问孩子："刚才，妈妈

觉得某某事情做得不对（不要用"错"这个字），妈妈想和你道歉。你怎么看呢？"

我听到过一个孩子很感人的回答："妈妈你没错，我觉得你做得挺好的。我不在乎！"然后亲了妈妈一口，还轻抚妈妈的胸口，然后继续看电视了。这是一个5岁的小姑娘，我在旁边极力忍住了眼泪。好感动！

假如妈妈自己觉得自己错了，同时孩子也说"妈妈你对不起我，你错了，你要向我道歉"，这个时候有的妈妈会"笑场"，孩子会更加愤怒。这个时候，妈妈需要很严肃地道歉："对不起，妈妈做得不对（这个时候也不能说"错"这个字），妈妈向你道歉！"接着，可以问孩子："你希望妈妈怎么做才是对的？妈妈愿意尊重你的想法。"

其实，在孩子心目中，孩子很希望爸爸妈妈能够有主见，而不愿听"那你想怎么样啊""那我们怎么做你才满意啊"，尤其是孩子不愿看到父母在社会上在与人交往中唯唯诺诺的样子。孩子希望自己的父母自信、有主见、有明确的价值观和人生观，有对事物很清晰的看法，有对孩子很明确的要求，同时又态度平静与温和，并且在孩子需要被尊重的时候予以尊重。

做家长不易，做一个让孩子觉得好的家长很容易。我经常说，我们的家长需要学习做一个"听话"的家长。所谓的"听话"，就是家长要会听孩子在"说什么"，孩子是"怎么说"的，孩子为什么"这么说"。各位家长可以试试。

家长满足孩子内心的需要很重要，但是培养孩子的宽容之心，理解他人之心更重要。孩子过多地被满足，而没有经过品格和做人的教育，就容易让孩子被满足的欲望不断膨胀，在家里会不知道尊重长辈，在外面会过于自我，不知道谦让他人，不会与人平等相处，不知道包容和感恩。所以，当家长认为自己做错了，或者孩子说妈妈做错了的时候，家长在必要道歉的同时，也需要和孩子解释自己行为的初衷和想法，也可以和孩子讨论什么样的行为是好的，什么样的行为是不被接受的，同时培养孩子如何看待事物的积极一面，培养孩子的乐观态度。

家长觉得自己做错了，怎么向孩子道歉：

话术

- 对不起，妈妈做得不对（这个时候也不能说"错"这个字），妈妈向你道歉！

- 你希望妈妈怎么做才是对的？妈妈愿意尊重你的想法。

- 妈妈也有做得不对的地方，因为妈妈也还在学习和成长。

- 妈妈希望你可以提出你的看法，因为妈妈需要了解你的想法。

- 是不是咱么可以在这件事情上总结出一些值得重视的观点呢？

第八章

当家长改变说话的方式，
孩子的问题都将迎刃而解

孩子跑丢找回之后，家长如何教育：
孩子最大的恐惧就是家长的情绪失控

有的家长问我："和孩子一起出门，孩子跑丢找回之后，家长如何克制自己的焦虑，教育孩子，让孩子记住这样的事情不能再发生了呢？"

我会说，这个时候，家长最不要做的就是教育孩子。而是表达自己的担心，表达自己对孩子找回的放心，问候孩子是否还好。

对于孩子来讲，他经历了一个应激事件，被找回来后，孩子惊魂未定，有的孩子本来在警察叔叔或其他人面前没有太大的情绪反应，反而见到妈妈爸爸，会"哇"地一声大哭起来。有的家长马上言语激动地拥搡着孩子："你跑哪儿去了？！妈妈都担心死了！你这么乱跑，要是被坏人拐走怎么办！"孩子的哭声会更大。家长如此的做法会把这件事带来的恐惧扩大和放大。在孩子幼小的心灵抹下了沉重的阴影。

即使有的孩子表面上没有任何表情，但他的心里已经经历了很大的恐慌，只是尚处在没有缓过来的"木僵状态"，而家长这个时候反应激烈，也同样让孩子的心理负担加重，或许会适得其反，让孩子从此害怕出门了。

● 孩子最大的恐惧就是家长的情绪失控

家长可以表达激动的情绪，但需要适当克制，并注意选择用语用词。

比如"谢天谢地，终于看到你了！妈妈都担心死了！怎么样？你还好吧"这样的话语既表达了自己的担忧和重逢的喜悦，同时又在第一时间让孩子觉得被原谅、被关心、被包容，孩子获得了足够的安全感，觉得妈妈没有批评和斥责，内心安稳而踏实。

在孩子平静之后，家长可以开始问询孩子跑开的想法是什么，有没有想过安全的问题，再适时教育和提醒孩子。这个时候，孩子是可以听得进去的，家长的教育才会有效。

孩子最大的恐惧就是家长的情绪失控，他甚至会觉得一个情绪失控的父母会随时将他抛弃，让他无家可归，然后他可能会脑补许多悲伤的场景，比如他一个人流浪在街头，饥寒交迫等。所以，家长能够在孩子经历的走失复回有惊无险的经历后，能够在父母的"港湾"中享受内心的复原，对孩子来讲是一个幸福的事情。

●孩子在每个阶段都有他的能力范围和他的能力限制

家长总怕给予孩子更多的关爱和保护后孩子会依赖父母。其实，这个担心是家长担心自己的不能承担，是家长对未来的恐惧。有一个妈妈问我："如果我给了孩子足够的安全感，孩子从此依赖上我怎么办？将来孩子长大了也不工作就让我养着怎么办？"

孩子上小学、上初中的时候就不应该被要求自立，家长这样早地要求孩子独立，会把孩子吓到。况且，作为家长的你，在孩子还谈不上独立的年纪和他谈独立，家长是否会担心自己活不了那么长养活不了你的孩子呢？这是家长的担忧。

孩子在每个阶段都有他的能力范围，同时又有他的能力限制。家长在孩子不同的年龄阶段给予孩子发展他的能力的机会，同时又保证孩子能力不足时给予支持和帮助，才能让孩子在什么年龄做什么事。孩子在小的时候，获得了足够的安全感，心无旁骛地把自己的"小翅膀"锻炼成长，长大了才可以"展翅高飞"。

话
术

孩子跑丢找回之后，家长如何教育：

● 谢天谢地，终于看到你了！妈妈都担心死了！你还好吧？

心理小知识

孩子最大的恐惧就是家长的情绪失控。我们可以看到，在自然界，能够摧毁树木、让生物处于不安与恐惧的自然现象就有狂风暴雨。在家庭中，我们可以把家长的极端情绪比拟为"情绪的暴风雨"。长成的大人之心身，尚且无法承受激烈情绪的暴风雨，孩子的情感、身体和认知，都处在幼芽和幼苗阶段，更是对父母的狂暴情绪承担不起的。

著名教育家蒙台梭利曾经写过一句话："我们对儿童所做的一切，都会开花结果，不仅影响他的一生，也决定他的一生。"父母的情绪稳定，会带给孩子一生的安全感和幸福感。

夫妻发生争执时被孩子碰见，如何解释：
离开和对方对峙的区域，再对孩子解释

在心理学的家庭理论中，家庭关系的核心是夫妻关系。

然而，在现实生活中，多数的夫妻关系都会有或多或少的不和谐，即便是人人称赞的好夫妻，也会有"锅勺碰锅沿"的时候。没有绝对好的夫妻关系，也没有绝对好的亲子关系。现代社会的问题是，我们过于看重夫妻关系对亲子关系的影响了。当我们的担心大于现实正常的现象时，其实是我们内心的焦虑造成的影响大于事件本身的影响。

●会把孩子卷入夫妻的"战场"，使家庭关系的"界限不清"

夫妻间的争斗带来的孩子问题，多是因为在夫妻双方的争斗中，其中"弱势"的一方会拉孩子当"垫背"的，会把孩子卷入夫妻的"战场"，这就是所谓家庭三角关系的倾斜，使家庭关系"界限不清"。

　　有一个上中学的女孩子有一天对母亲说："我不觉得我是女孩子，我觉得我是男孩儿，我喜欢我们班一个女生了。我不是同性恋，我只是性别生错了。"原来这个女孩子在三四岁的时候，看到父亲动手打了妈妈，而向往自己是个男人，长大了帮妈妈打爸爸，这是孩子主动想帮妈妈。因为每个孩子都是忠实于父母的，尤其是生他养他曾经脐带相连的妈妈。

●把孩子的情绪"接住"，及时处理孩子的心理应激

　　对于孩子，妈妈很亲，爸爸也很亲。就好比"手心手背都是肉"，孩子无法割舍，即便在一方的强权下，选择了站队，但在孩子内心深处，依旧是无法割舍血脉的相连。

　　可是，作为孩子父母的夫妻，双方不和还是要打架、争执、吵嘴。怎么办呢？不想殃及孩子，却不巧被孩子碰到。双方都爱孩子还好办，夫妻此时停手，轻描淡写地一句"没事儿，我和你爸对于一些人或事的看法不一样，是不是吵到你了？抱歉啊，我们小点儿声"，然后对孩子一笑，再抱抱亲亲，孩子不觉得是什么大不了的事情，也不会给孩子造成心理阴影。假如一方很激动地对对方嚷"你看，都把孩子吓到了"，那这个时候，孩子基本上就会配合这个场景"哇"地大哭起来，原本是两个人的"城门失火"，变成了"殃及池鱼"。

我们不确定所有夫妻都在争斗中是冷静的、理性的，况且人在争执的情况下很少能情绪冷静、理智的。但假如其中有一方可以做到控制情绪，那么，在遇到争执被孩子撞见的情况下，可以先"退一步海阔天空"。然后对孩子说"没事儿，妈妈和爸爸有些意见不合，大人通常都会有自己的坚持，所以我们都不让着对方而已"。

然后，离开和对方对峙的区域，再对孩子解释"爸爸妈妈是在解决我们自己的事情，有没有让你觉得心里面不好受呢？你说说好吗"，这样，把孩子的情绪"接住"，及时处理孩子的心理应激。

在家庭的亲子关系中，最要不得的是家长的情绪崩溃和家长的过度焦虑。"你们大人都承受不住小孩子怎么经受得了啊！"孩子对情绪失控的父母的呐喊，不知有多少父母可以听进去。

夫妻发生争执时被孩子碰见，如何解释：

话

术

● 没事儿，我和你爸对于一些人或事的看法不一样，是不是吵到你了？抱歉啊，我们小点儿声。

● 妈妈很关心你的感受，爸爸和妈妈在争论的时候，你的感受是什么呢？

心理小知识

　　本来家庭关系是分为：夫妻关系、父子（女）关系、母子（女）关系的，现在可以加一个"子女间关系"。假如我们把关系的界限都分得很清楚的情况是"我和你""你和他""我和他"三种线性关系，每个关系之外的人，不要介入这个关系中，各自的互动其他人不要干涉，简单明了，不会出问题。但我们人类社会是彼此连接的、是彼此关照的、是有各种牵连的，所以做不到"独善其身"，我们总要因各种连接去参与到其他与我们相关的人际关系中，于是家长打架，把孩子拉上作为"帮手"的情况比比皆是，于是就造成了家庭三角关系的倾斜，使得家庭矛盾更加复杂。

孩子要离家出走：

家长改变和孩子的说话方式，让孩子产生安全的依恋关系

　　家长和孩子的关系实在是很微妙的，孩子随着年龄的增长和独立意识的增强，想脱离父母控制的愿望也变得强烈，经常会冒出离家出走的念头。可父母真要让他独立的时候，他又很依赖父母，既担心自己没有能力独自生活，也担心自己的父母真就让他离开家了。孩子就是在这种矛盾中渐渐长大，也慢慢调整着自己与父母的依恋关系。

●假期出走的孩子们

　　有一年的春节前夕，我连续接到两个家长的电话，都是上中学

的孩子离家出走了。但很快，在夜色浓重的时候，孩子自己又回来了。家长很焦虑，也不敢批评孩子，也不敢言语太重，问我她们应该怎么办。

在同一时期，有一个朋友也打来电话问："孩子扬言要离家出走，我该怎么办？"

另一个朋友打来电话说，孩子现在不让她进房间，她一张嘴还没说什么，孩子就冲她怒吼"闭嘴"。为此，她每天以泪洗面："现在的孩子怎么这么不懂事，怎么这么不懂感恩，怎么这么冷血！"

细问之下，我发现这些孩子都属于同一种情况，就是孩子的期末考试成绩不理想，没有达到父母的要求。放假后，孩子比较懒散，家长唠叨、批评，还总拿考试成绩说事儿，孩子受不了，就用离家出走威胁父母。而孩子的威胁都成功了，父母都不敢再说什么了，但父母和孩子的关系就僵持在那里，家长稍微一句话不合孩子心意，孩子就会情绪激动。仿佛家长是孩子的"仇人"。

孩子希望什么样的家，孩子希望什么样的父母，孩子希望什么样的关系呢？我们在做家庭治疗的时候，每当问孩子这个问题，孩子的回答都会很出乎父母的意料。

有一个初中的女孩子说："我想我妈别黏着我。每天放学我妈都接我，不让我和同学多玩儿会儿，其实我能自己走回家，又不远，路上也很安全。"妈妈听了这个话吃惊地说："哦！我还接你接出毛病啦？我那不是为你好嘛！我担心你的安全，你要是难看一些，我也不那么担心啊！"女儿气乐了，回应她的妈妈："你别说谎了，你自己说说，我什么时候不安全了，还不是你自己说我爸不在家，让我陪着你，省得你一个人孤单，你把我当什么啦……"这时候，妈妈居然笑了，抱着女儿撒娇说："我就是要黏着你，我就是要黏着你。"

这个时候，我们可以看到，是妈妈把孩子"拴"在身边，希望孩子替代那个"抛下"她的老公。可是孩子终究不是老公，她是一个希望自己能够有正常的家庭关系，有正常关系的父母，希望有自己的空间和同龄人交往的独立的人。但孩子又不忍心抛下母亲，于是就很矛盾、很烦，不知如何应对，就扬言要"离家出走"，妈妈害怕了，才带着孩子来咨询，看孩子有什么问题。

这是另外一种让孩子产生"离家出走"念头的家庭关系。

●用孩子接受的语言和孩子对话

这些真实的案例让我们看到，在孩子想"抛弃"家庭的背后，其实是渴望一个正常的、轻松的、宽容的、和美的家庭关系的，孩子希望父母亲彼此可以很亲近，希望父母亲彼此多看一眼，不要盯着自己。孩子认为家长的关系亲近了，多一些互动，就给自己多一些"喘息"的空间，多一些自由的时间，多一些自己和自己在一起的机会，就会想着念书和写作业，而不用家长督促了。即便孩子自己学得不那么好、成绩不理想，他自己也会想办法补回来，他可以找同学、可以找老师，孩子认为自己不是对学习没有兴趣，而是对"为家长学习"没有动力。孩子要的是爸爸妈妈能多给他一些认可，能够多一些温柔、多一些鼓励，而不是批评、挖苦、讽刺……

在咨询中，我会促成父母和孩子的对话，让孩子可以大胆地看着父母的眼睛，然后，把他们的心声和愿望讲给父母听。而父母也会学习用新的、孩子接受的语言和孩子对话。其效果通常是很显著的，孩子和父母的关系会变好、会更亲热。孩子会愿意和父母交流，也不会再用"我要离家出走"等类似的威胁性的、有气的语言了。

家长只要在内心里改变了对孩子的态度，回归到一个平常的心态，语言上自然就会不一样了。当家长不再视孩子讲"离家出走"类似的话为"洪水猛兽"的时候，家长就能够站在孩子的角度，体会到孩子内心的痛苦了。这时候，家长可以问孩子："我们不希望你再说离家出走这样的话，这个话让我们很伤心。如果你留在你喜欢的家里，希望我们怎么做呢？你愿意和我们一起营造一个你喜欢的家吗？"然后，和孩子探讨大家喜欢的家是什么样子的。这个探讨通常要注意妈妈要怎么说话，爸爸要有什么态度，孩子才觉得家是他想要的家，从而这个家才可以有新的关系环境，孩子才可以开始愿意为留在家里做出努力。

家长对孩子有期待，但通常都不会好好说，都是很严肃地说、抱怨地说、批评地说，甚至歇斯底里、愤怒地说。只要有一次这样对孩子，孩子就会"一朝被蛇咬，十年怕井绳"，不敢和父母说心里话了。但是，当家长改变了和孩子的说话方式，用温和的语言、亲切的笑容、平等而尊重的态度和孩子说话，并且可以经常使用肢体的爱抚等，孩子的心里会产生安全的依恋关系，能够更好地促进其人格的成长。

孩子要离家出走：

话 **术**

- 爸爸妈妈不希望你说离家出走这样的话，这个话让我们很伤心。因为我们很爱你，希望给你一个你喜欢的家。

- 如果是留在你喜欢的家里，你希望这个家是什么样子的呢？你希望爸爸妈妈怎么做？

- 你愿意和爸爸妈妈一起营造一个你喜欢的家吗？咱们一起努力好不好？

孩子一逛街就要买玩具：
玩具在孩子的眼中，是依恋关系的替代

面对孩子一逛街就要买玩具这个问题，我想让家长回想一下：第一，您的孩子是从什么时候开始一逛街就要买玩具的呢？第二，他第一次要东西是跟谁要的？是向爷爷奶奶姥姥姥爷，还是向爸爸妈妈呢？第三，他要的玩具都是什么样的？有没有可以归类的呢？

三个问题问完了。我们的家长是否能都回答得出来呢？如果都能回答出来，说明有的家长或许已经找出了答案了。

●玩具在孩子的眼中，是依恋关系的一种替代

玩具，在我们大人的眼里就是玩具，但在孩子的眼中就不一样了。我记得在几年前，我和一位著名的心理学家共事，有一次，他告

诉我他弟弟的儿子要过 3 岁生日，他要赶回去。因为我和他弟弟也较熟悉，就问他我给孩子买个什么礼物好呢？他说我就买个玩具熊吧。他接着说，虽然是男孩子，但妈妈经常不在身边，可以让毛茸茸的玩具给孩子一个温暖的陪伴。

20 世纪 50 年代末，美国心理学家哈利·哈洛和他的同事们曾做过著名的"恒河猴实验"。恒河猴的实验，佐证了人类同样的现实：孩子成长的早期需要充足依恋关系的滋养，需要在早期的依恋关系中得到满足，当这种满足无法达成的时候，孩子就需要其他的东西来"填补依恋的空隙"了。

现在的家长，尤其是母亲在孩子年龄尚幼小的时候，就"撇"下孩子去工作了。孩子需要妈妈柔软的身体、充足的奶水、温存的爱抚以获得安全感和良好依恋关系的满足。当这些需要得不到满足，他会本能地去寻找替代性的"客体"，妈妈或爸爸买的玩具（其他东西）也是这个客体重要的组成部分（"客体"一词，是精神分析鼻祖弗洛伊德所使用的。客体关系理论讲，"对婴儿而言，客体指满足需求的事物；对儿童而言，客体一词可与"他人"二字互换）。

玩具，看得见、摸得着，有实际游戏的意义，重要的是"谁"买的。你会看到孩子拿着玩具向小朋友"显摆"：这是我妈妈（爸爸）给我买的。同时，小脑袋还往右边一歪。因为右脑是情感脑啊！

所以说，孩子一逛街就要买玩具这件事，其背后不只是买玩具这么简单。这里有两个很重要的原因：

其一，孩子的需求从未被真正地满足过。或许是物质层面的需求，或许是心理层面的需求，也就是上面说的依恋，还有关注、自主等。有的家长是孩子要什么玩具都给买，但孩子玩了一小会儿把玩具一扔，继续闹脾气。是什么原因呢？就是因为孩子在玩具中得不到情感的满足。

其二，孩子只要一开口要东西家长就给，久而久之，孩子会养成习惯。家长总觉得只要孩子要的东西我就都给买，这样可以"省事儿"，以买东西替代陪伴和关爱。而孩子会在买东西这件事上不断在试探家长的"底线"——你到底爱不爱我？你还爱我吗？你还重视我吗？

因为孩子是那么地担心父母会忽略他、不爱他了。尤其是二胎家庭中，有了老二，老大这种心理会更鲜明。孩子要家长给他买东西，也是提醒家长"要看到我""要关注我""要满足我""要爱我"等。

如果家长觉得孩子要的玩具并不是孩子特别想要的，可以问他："假如不是买这个玩具，而是要爸爸妈妈给你其他的东西来代替，你想要什么呢？"听一听孩子怎么回答。

话术

孩子一逛街就要买玩具：

● 假如不是买这个玩具，而是要爸爸妈妈给你其他的东西来代替，你想要什么呢？

心理小知识

恒河猴实验

哈洛和他的同事们把一只刚出生的婴猴放进一个隔离的笼子中养育，并用两个假猴子替代真母猴。这两个替代的母猴分别是用铁丝和绒布做的，实验者在"铁丝母猴"胸前特别安置了一个可以提供奶水的橡皮奶头。按哈洛的说法就是"一个是柔软、温暖的母亲，一个是有着无限耐心、可以24小时提供奶水的母亲"。刚开始，婴猴多围着"铁丝母猴"，但没过几天，令人惊讶的事情就发生了：婴猴只在饥饿的时候才到"铁丝母猴"那里喝几口奶水，其他更多的时候都是与"绒布母猴"待在一起；婴猴在遭到不熟悉的物体，如一只木制大蜘蛛的威胁时，会跑到"绒布母猴"身边并紧紧抱住它，似乎"绒布母猴"会给婴猴更多的安全感。

哈洛等人的实验研究结果，用他的话说就是"证明了爱存在3个变量，即触摸、运动、玩耍。如果你能提供这3个变量，那就能满足一个灵长类动物的全部需要。"

发现孩子翻父母的钱包：
当一个行为不被允许的时候，就有着相当的吸引力

对于孩子翻自己的钱包，现在的家长不是担心钱不够分配，只是担心孩子学坏。其实大可不必如此担心。孩子的学"坏"是多方面原因导致的。

我小时候也翻过父母的钱包。我孩子小的时候，也翻过我的钱包。但我们都没有做过什么不好的事情。我的父母没有冲我吼，只是问我为什么要翻大人的钱包，并告诉我说"如果需要钱，可以和父母讲，因为家里的钱是有数的，父母可以考虑给我钱，但翻钱包是不好的"。我隐约记得当时我的心情是从害怕到不好意思，再到感激父母，暗暗下决心要做一个诚实的好孩子，不辜负父母的教诲。

当然，现在的孩子和40年前的我所处的环境截然不同，现在的家庭不会再有那个年代经济的拮据了。但孩子的心理状态大体相似。

●孩子上小学以后，会有独立的意识想要自己支配金钱

孩子小的时候，对金钱没有概念，并且也不需要有概念，想要的东西随时可以要到。而孩子到了上小学以后，有了独立的空间和时间（比如放学路上），有了独立的意识想要自己支配金钱去买到自己想要的东西，这时候，很多家长开始给孩子零花钱，但是数目有限，同时还伴随着"你自己省着花啊，这周的零花钱就这么多"等要求。当孩子有了特殊的需求，又不好意思或不敢向父母开口，就会想到"偷偷"翻父母的钱包。当一个行为不被允许的时候，就好像亚当夏娃偷吃的"禁果"一样，有着相当的吸引力。

又或者是家庭中大人对孩子没有约束，孩子和大人之间没有界限，甚至让孩子成为了家庭的中心，不仅和大人平起平坐，甚至可能成了这个家庭的支配者。父母可以彼此翻钱包，或者父母共用家中的钱，孩子会觉得："我怎么就要被限制呢？我和你们都平等对话了，怎么就不能和你们共用家中的钱呢？"同时也会觉得："我不挣钱，但我是家中一分子，你们挣的钱不也是给我花的吗？"

家长如果看见孩子翻钱包，不用隐藏自己的吃惊，可以用语言表达你的意思："咦？你在翻钱包？是想要钱不敢和爸妈讲吗？你这么不信任爸爸妈妈，我们好难过哦！"

这样说，孩子会从惊跳中缓过神来，回到平静、平常的心态。因为他知道自己的担心是多余的了，他可以确认自己是被父母包容和满

足的。

　　家长当然也可以这样讲："你在翻爸爸妈妈的钱包，是需要钱买什么东西吗？你可以和我们讲，但假如你拿了钱我们不知道，可能我们会怀疑钱被其他什么人拿了，这样容易冤枉别人。"让孩子知道一件事情会牵扯到其他问题，学会从多个角度看问题。

　　家长一定小心不要吓着孩子，更不要说"小偷""坏孩子"等词语。孩子幼小的心灵和真与善的本质是需要我们好好呵护的。

发现孩子翻父母的钱包：

话术

● 咦？你在翻钱包？是想要钱不敢和爸妈讲吗？你这么不信任爸爸妈妈，我们好难过哦！

● 假如你拿了钱我们不知道，可能我们会怀疑被其他什么人拿了，这样容易冤枉别人。

孩子在聚会上被大人数落，父母要维护孩子吗：
不要把孩子丢在大人的世界不管

在一家几口的聚会上或者其他家人朋友的聚集场合，还有一些公共的集会场所，年龄不大的孩子，会因为兴奋而追跑笑闹，让大人觉得被打扰、被妨碍，甚至会碰撞到其他人或者破坏了某些东西。

这个时候，就会有大人出来斥责和数落孩子。

许多家长的做法，是让孩子赶紧给人家道歉，承认错误。同时，家长自己也赶紧站出来批评孩子，以免让人家觉得自己没有把孩子教育好，觉得做家长的"护犊子"，没有教养，并且也为了避免事态扩大，赶紧道歉、赶紧获得原谅、赶紧离开这个让大人没面子的场所。

但家长有时也觉得委屈啊，孩子还小，孩子又不是故意搞破坏，孩子只是把握不好尺度，才会冲撞到别人的。自己的孩子自己心疼，这个时候，父母要维护孩子吗？

●在成年人的场合，不能把孩子丢在大人的世界不管

张老师的答案是肯定的。因为，在成年人的场合，不能把孩子丢在大人的世界不管，也不能让孩子独自面对成年人，承受数落和指责。

孩子的心智还在发育成长期，他的应对能力还不足以和大人匹敌，"十七八岁还力不全"呢，何况一般容易在聚会上被大人数落的，多是半大孩子，正所谓是"七岁八岁狗也嫌"的年纪。而家长是孩子的监护人，家长的监护作用不只是监护孩子能否健康成长，更是监护孩子不受伤害。

大人的斥责和数落会让孩子害怕，孩子的恐惧会放大至成年人感受的数倍，有时候，孩子会遭遇一次心理恐惧，很多年以后，仍会留有阴影，甚至延续几十年，这是大人无法理解和想象的。

当孩子受到了斥责和数落，无论情况多么严重或多么不严重，对于孩子来说都是严重的。如果孩子处理不好，还会把事态扩大，造成更大的困扰。

这个时候，家长是一定要站在孩子的前面给予支持的，家长要做孩子最坚强的后盾。做这个后盾，不是要家长袒护孩子，更不是让家长去和人家吵架、打架，而是让家长负起担当的责任，去承担对孩子的保护和教育。

●家长应先保护孩子的心理安全

无论何时何地，只要遇到孩子遭到大人的数落，家长首先应当

来到孩子的身边，可以搂着孩子的肩膀，让孩子靠着自己的身体，给孩子一个安全的臂弯，把孩子护住。同时向对方申明自己是孩子的家长，可以说："我是这个孩子的家长，不论孩子做了什么，我都先向您道歉。是我们没有提前提醒孩子，是我们家长的疏忽，您看还需要我们家长做什么？"

这个时候，先不急于了解究竟发生了什么。而是先摆明态度——孩子的事情由我们大人接手了，有什么事情找我们家长。

有可能对方是冤枉了孩子，有可能对方是夸大了事实，但能够这样在众人面前数落孩子的人，他的心情和情绪一定是不平静的，家长不能"火上浇油"，可以本着"息事宁人"的态度。如果对方的态度过分了，家长需要沉着应对，提醒对方"我们已经道歉了，孩子的事情我来负责，您还希望我们家长做什么可以提出来，大家商量。但我想知道究竟发生了什么"。

家长的出现可能让对方的斥责或数落升级，本来说孩子几句就过去了，家长的出现会让对方"得理不饶人"，但至少我们家长先保护了孩子的心理安全。之后可以再询问到底发生了什么。

一般情况下大人对孩子的数落，周围会有围观的人，假如对方夸大其辞或者不依不饶，家长可以求证周围围观的人。

总之，无论家长心里有多么不愿意出头露面，无论家长心里有多烦、多气以及有什么样的情绪，此时首先要深吸一口气，告诉自己"我是家长，我爱孩子；我是家长，我爱孩子；我是家长，我爱孩子"之后，再勇敢地出面。

孩子在聚会上被大人数落，父母要维护孩子吗：

对大人说：

● "抱歉我的孩子给您带来了困扰，我向您道歉！能让我和孩子单独聊聊吗？谢谢了！"

单独对孩子说：

● "能告诉我刚才发生了什么吗？"

● "这个事情发生了，妈妈不责怪你，只是妈妈想知道怎么发生的，咱们以后学会尽量避免。"

● 如果觉得孩子能接受，家长可以摸摸孩子的头，蹲下来对孩子说："妈妈知道你很不好受，没关系，有妈妈在。来，先和阿姨说声对不起。"

话术

心理小知识

　　家长也是需要勇敢的，也是需要勇气去面对冲突的；家长也有内心脆弱的"小孩"，也是需要在成为父母后，要和孩子一起成长的；但家长内心的小孩再小，至少也要比真正的小孩有一个更大的身体。

孩子想自杀，父母应该怎么劝：
孩子的负面行为，是在向父母寻求关注

记得2019年，我在某市讲课，当地心理老师告诉我，他们前些日子成功帮助了一个想自杀的孩子放弃了自杀的念头，回归到了正常的学习和生活的轨迹。起因是心理老师去学校做心理辅导，在一个班级看到一个孩子神情恍惚，情绪低落，与人隔离，眼光回避。"总之，我就是看着这个孩子不对劲！"这位心理老师说。于是，心理老师及时联系班主任，找了这个同学谈话，果不其然，这个孩子已经写好了遗书，正准备在这一天实施他的跳楼计划，幸而被及时发现。

●当孩子的情绪被父母接纳，就会顺利度过这个时期

孩子的自杀念头，其原因不论是在外受到欺负、威胁，还是学习压力大，觉得"无颜见江东父老"，还是其他什么原因，归根结底还是看日常生活中，孩子是不是觉得可以被父母、家长包容与接纳。有的家长对孩子要求严苛，有的家长对孩子期望很高，有的家长对孩子不信任等，都会造成孩子对自己的怀疑。孩子会怀疑自己的智力、会怀疑自己的能力、会怀疑自己的心理健康情况，甚至会怀疑自己是否爸妈亲生的。

尤其是青春期的孩子，不仅处于生理发育变化的高峰。表现为在自我意识上带有强烈主观色彩的自我中心倾向；情绪变化的特点，是不能自我控制的情绪波动和青春期躁动；从人际关系的发展，不论与同伴、与父母、与老师的关系都会评判多于顺从等方面。这些都会对孩子自身的认同产生重大的影响。

当孩子的情绪被父母接纳，可以顺畅地表达，孩子就会顺利度过这个时期。如果孩子经常被批评、被指责、被质疑、被打击，甚至被暴力，那么，内因通过外因而起的作用就有可能是极端的，比如自伤、自杀，甚至伤害他人等。

我接过一个大一孩子自杀的案例。这个孩子从初中到大学，每当考试之前就会割腕自残，但每次的割腕都是很浅的划伤，最多渗出一些血。但每次对于父母都是如临大敌，母亲哭、父亲急，孩子无力不语，但最终，孩子还是要参加考试，只是成功地让父母不要问成绩，不要问排名。当我了解到这些，我告诉孩子父亲，孩子其实是在用这个行为告诉父母"别逼我非要考出什么好成绩，你们要是再逼我，今天我只是划伤，明天我就真的自杀了"。奇怪的是，这个孩子从初一到大一，每年如此，每年两次上演这一幕，而家长从来没有好好和孩子谈一谈"你希望怎样才不会去割腕"，家长都是高素质科技人员，都不好意思去正视彼此的对话，都不善于表达内心的想法，以致孩子出现这样的情况，家长也不会坐下来和孩子好好谈心。

后来，孩子的父亲在单位听了我的心理学讲座之后，才想到来找我。当我们进行了一系列分析后，父亲决定回去和孩子好好谈谈，我们进行了谈话的演练。父亲打算回去说："孩子，每年看到你都这么痛苦地把自己划伤，我和你妈妈很心疼。其实，我们都希望你轻松快乐地生活和学习，只是我们一直不知道怎么能给你想要的轻松和快乐，是我们太粗心了。我和你妈妈希望你以后能够想说什么就说什么，我和你妈都会好好听你讲，我们也希望你能好好对待自己，可以吗？"

之后的故事相信大家也能想象得出来，这个孩子没有再自伤了。

● 孩子的负面语言或行为，其实是在向父母"寻求关注"

还有的孩子总把"我要自杀"挂在嘴边，长此以往，语言会带来情绪的变化，语言会促使行动的实施。而且，孩子的一些负面语言或负面的行为，其实是在向父母"寻求关注"，孩子的正向行为没有被父母"看到"，没有得到及时的赞赏，孩子的情绪没有被父母及时感知并关注、关心、关爱，孩子不喜欢被父母忽略，所以，孩子会一遍遍刺激父母，比如淘气、打架、破坏、说脏话，甚至自伤、扬言自杀等，都是在告诉父母"你要重视我""你要重视我""你要重视我"。

父母无论遇到孩子的哪种极端行为或言语，都可以对孩子说"我知道我们以前对你的关注没有让你觉得满意（不是我们家长做得不好），但爸爸妈妈其实内心是非常爱你的，也希望你可以感觉到，但你不明说，我们以为我们做得很好了"。继而再说"假如你不说想自杀（或者不想活了等），你想对妈妈（爸爸）说什么呢？我们很愿意倾听"。

　　无论之前父母和孩子之间有多少不愉快，孩子都是愿意"原谅"父母的。无论在孩子的哪个年龄段，只要父母意识到和孩子之间的沟通问题并加以改善，孩子的问题也都会得到解决的。

话术

孩子想自杀，父母应该怎么劝：

● 爸爸妈妈非常爱你，看到你不开心，我们很难过。听到你这么说，我们更难过，能告诉我们你希望我们怎么做吗？

心理小知识

在心理学对自杀的诊断中，针对想自杀的人，如果不是激情自杀，那就要看他是否有实施计划，包括具体的时间、地点、方式等。

给大家附上一份专业的自杀评分标准：

1.绝望感(+3)

2.近期负面生活事件(+1)

3.被害妄想或有被害内容的幻听(+1)

4.情绪低落/兴趣丧失/愉快感缺乏(+3)

5.人际和社会功能退缩(+1)

6.言语流露自杀意图(+1)

7.计划采取自杀行动(+3)

8.自杀家族史(+1)

9.近期亲人死亡或重要的亲密关系丧失(+3)

10.精神病史(+1)

11.鳏夫/寡妇(+1)

12.自杀未遂史(+3)

13.社会—经济地位低下(+1)

14.饮酒史或酒滥用(+1)

15.罹患晚期疾病(+1)

上述15个条目量表根据加分规则得出总分,分数越高代表自杀的风险越高。

≤5分为低自杀风险；6～8分为中自杀风险；9～11分为高自杀风险；12分为极高自杀风险。

孩子交到"坏"朋友，逃学打游戏：
孩子交的朋友，多体现他的互补性人格

　　孩子交到"坏"朋友，以至于逃学打游戏，这会让很多家长烦心和担心。但逃学打游戏未必是交到"坏"朋友的结果，而交到了"坏"朋友也不一定是会去逃学打游戏的。

　　交朋友这件事，本来是孩子自然而然的事情。人是社会化的动物，是需要有伙伴的。本来，人们的交友是根据自己的需要"物以类聚、人以群分"的，但如果加入了家长对孩子的控制，孩子可能会反其道而行之，专门和家长作对。那么，这种交友，既不能让孩子在伙伴关系上有好的发展，反而会因为和家长赌气，交到"坏"孩子。

●为了避免孩子的反抗心理，家长怎么和孩子交流很重要

　　第一，家长要多给予孩子关注。我在电梯里遇到一个小女孩儿和爸爸说话，小女孩说了4遍，爸爸都没有回应，我小声对爸爸说"孩子跟你说了那么多，你该回应她"。这个爸爸看了我一眼，开始回应女儿了，女儿马上很开心地笑，并把小手放进了爸爸的手中。所以，父母要学会适当地给予孩子关注，回应孩子的语言和行为。父母如果对孩子的交流愿望不回应，甚至是忽略，孩子会觉得自己不值得父母的关注，自己的言语可能让父母不接受、不喜欢，孩子会怀疑自己的

智力和能力，也会觉得父母不爱自己，孩子也会暗自伤心，久而久之造成孩子的不自信。反而父母及时而贴切的回应，让孩子觉得自己是被"听见"或"看见"的，是被关注着的，他也会觉得自己讲的话是被父母认可的，父母是爱他的，自己是有价值的。那么孩子会自信，也会把这种回应学会，从而友好地对待他人。被鼓励的孩子会更愿意思考和进步。

第二，就是如何讲话。父母如果觉得孩子交的朋友不好，也不要先否定，因为家长对其他孩子了解的是表面。家长和孩子看问题的角度不一样，衡量的标准也不一样，家长不了解孩子的想法，更不了解对方的孩子，只有和孩子耐心而平和地交流，才会了解更多的信息，才能判断孩子的行为正确与否。并且，通过倾听孩子的描述，还可以更多了解孩子的内心世界，也可以了解自己对孩子教育的疏忽之处，给予孩子正确的引导。

●理性分析，正向激励

如果你的孩子和"坏"孩子交朋友了。首先，家长可以想一想，你的这个"坏"印象是从哪里来的，可以理性地分析一下。然后，可以问一问孩子："我看你最近和××（孩子朋友名）很要好，那××（孩子朋友名）的哪些方面让你看重呢？"孩子可能回答得很笼统，比如"××（孩子朋友名）很聪明"或"××（孩子朋友名）很仗义"，那么家长可以和孩子更深入一些澄清"那你能讲讲他怎么聪明（或怎么仗义）吗"。

有的孩子——也可以说很多孩子都喜欢长得好看的同学，那么家长可以针对孩子说喜欢××（孩子同学名），说那个同学长得好看，继续在问话中引导孩子，可以问："哦，你和××（孩子同学名）交朋友是因为这个同学好看啊。那你觉得这个同学哪里好看呢？"孩子可能说："这个同学的眼睛、嘴巴都好看。"家长可以继续问："哦？这个同学的眼睛会带给你什么样的感受呢？是让你觉得很热情、很纯净还是什么（这里要用好的正向的词语）？"如果孩子描述了具体的感受，家长可以引导说："我了解了，其实你是从这个同学的眼睛中看到了热情，说明你喜欢热情的人是吧？看来你可以发现别人身上美好的品质呢！"

如果，孩子的那个朋友就是很贪玩儿、就是逃学、就是打游戏，那么家长和孩子对话就要避免激惹孩子不好的情绪，就要小心询问："我想，你交的这个朋友，一定遇到了什么困难，让他伤心了，所以他才不上学（这里，不要用"逃学"二字），才会用打游戏回避自己的痛苦。打游戏很过瘾，但是等你们长大一些就会发现，自己什么都不会做，会落在其他同学的后面。我想，你们一定不愿意落在其他人后面的。所以，你可以帮帮他让他和你一起学习吗？一起进步，怎么样？"这样说的好处是：首先，在家长的眼里，那个孩子不是坏孩子，也就是间接说自己的孩子不是在交往坏孩子；其次，孩子的问题一定是他家庭的痛苦体验带来的，这样假设的话，让你的孩子可以去学着体谅别人的痛苦，可以激发慈悲之心；第三，这样说可以暗示孩子不仅可以跟随他人，也可以影响他人，以激励孩子的自信与自强；第四，从激励机制的角度，激发孩子内在不愿落后的、追求卓越自我的动力。

孩子交朋友的动机通常都很单纯，孩子自己也会有辨别和鉴别的能力，要相信自己的孩子，这也意味着家长要相信自己。假如家长自己都不自信，那么通常也不会相信自己有一个很好的孩子。家长自己在哪里不自信，就会将这个不自信投射到孩子身上。当家长明白了这一点，才不会很轻易地给孩子"贴标签"，才会带着好奇，去多和孩子交流，多去了解孩子的想法。

话术

孩子交到"坏"朋友，逃学打游戏：

● 妈妈非常不愿意看到你不去上学还去打游戏，但我想了解事情是怎么发生的，是什么让你做了那样的决定呢？

● 妈妈看到你和××（孩子朋友名）在一起的时候不学习，妈妈希望你有好朋友，但是妈妈更希望你和好朋友在一起互相督促上进。

● 我看你最近和××（孩子朋友名）很要好，朋友需要能帮助彼此更好，那××（孩子朋友名）的哪些方面让你看重呢？

● 我想，你们一定不愿意落在其他人后面的。所以，你可以帮帮他让他和你一起学习吗？你们一起进步，怎么样？

心理小知识

从心理学投射认同的角度，孩子交的朋友，多体现他的互补性人格。即便孩子找到的朋友和他自己很像，也是孩子在内心觉得需要有同质的伙伴让他觉得他不是孤单的，是从另一个朋友那里找到的自我认同，弥补他的不自信。那个朋友可以起到他自我认同的"加持"作用。

发现孩子被异性摸了隐私部位：
家长的情绪失控，反而给孩子带来更大的阴影

我们来一起玩个游戏吧！

性教育一直是家庭教育、学校教育和社会教育的老大难问题。无论社会如何呼吁和重视、专家如何支招、法律如何严判、家长如何防范，还是屡有侵犯儿童的事情发生，防不胜防。尤其是家有女孩儿的家长，更是想尽办法教孩子学会保护自己。

在身体安全尤其是隐私部位的安全上，不仅女孩子需要关注，男孩子也同样应该重视起来。家长在希望孩子身体安全的基础上，更希望自己的孩子成长为自尊、自爱、自信、自立的人，希望帮助孩子塑造一个健全的人格和健康的身心，未来可以安全、健康、自立，有好的婚姻，有一定的社会地位等。家长设想的越远，对现实

的焦虑感越强烈。

●家长要重视在家庭关系中，父母对孩子的态度

一般来讲，在就孩子遭到隐私部位触摸这件事，不只是孩子遇到"坏叔叔"这么简单。还有一部分来自孩子和家庭本身。家长不仅要帮助孩子树立防范意识，更要重视在家庭关系中，父母对孩子的态度。

就这个问题，我询问过一些成年女性。有一些很正面的案例，可以在说明女孩子成长中，家长如何去帮助孩子建立性别安全意识。

年轻的姑娘小A说，我小时候被一个男性长辈企图强行抱抱，我坚决不从，这时我妈妈马上出来严厉制止，而且告诫那个亲戚"你要再这样，以后不许到我家来"，孩子的感觉是有一个强大的妈妈当后盾和保护伞，心里面就很踏实。而且，有妈妈的态度做榜样，她在长大的过程中，就能够很坚决、很大方地和男性保持一定的距离，不让自己置于危险之中。同时，小A的爸爸也很注意和女儿的相处，在她四五岁的时候，爸爸已经不允许孩子往他身上爬了。爸爸会带着女儿做一些劳作的事情，让女儿从爸爸身上学会很多有趣的生活技能。这样，小A在走上工作岗位之后，既可以和男同事很好地配合工作，又能够和男同事保持工作的距离，获得男性同事的普遍尊重，也让她的男朋友对她放心。

另有一个三十几岁的妈妈小D，她在对待女儿的隐私部位安全上，也是做得很好的。小D离婚后，带着5岁的女儿琪琪单独生活。小D

有一些好朋友经常聚会，在聚会上和小D关系比较好的叔叔对琪琪也很亲切，甚至和琪琪玩儿得很热闹。5岁的琪琪每周和爸爸的见面都不是很愉快，爸爸一见面就对琪琪挑毛病甚至呵斥，琪琪每次见爸爸都是高高兴兴去，哭哭咧咧回。于是在参加妈妈和叔叔阿姨们的聚会时，就会更黏着对她好的叔叔。有一次玩得过于开心，叔叔的胳膊就从琪琪的裆下穿过，把琪琪举起来，琪琪嘎嘎的大笑声惊动了妈妈，妈妈赶忙过来制止："快下来，不要和叔叔这么玩儿！咱们小公主要注意形象啊！"当孩子被叔叔放到地面上，妈妈小D马上把孩子领到一边交给一个姐妹，然后回身找这个男性朋友，很郑重地说："琪琪是大姑娘了，请你以后不要和她玩儿身体这么亲密接触的游戏，如果琪琪自己和你过于接近，请你也告诉琪琪女孩子要和男生保持身体的距离。谢谢你！"

第三个例子H女士。H今年三十几岁，她说她五六岁的时候和两个女孩子在小街的一个门楼里一起玩儿，一个邻居家的大哥哥跑过来说和他们做一个游戏，是给他们糖果，让她们藏在身上，然后这个大哥哥找这些糖果。结果，三个小姑娘就都被这个大哥哥摸了。小姑娘虽然年龄小，但也懵懂地知道这不是好的事情，所以，三个人都没有告诉家长和其他的人。而且，他们彼此之间，也都没有再谈起过这个事情。但H说，每当想起这件事的时候，心里面还会有一点儿膈应。当我问她"你希望你的父母知道这件事吗"时，H说"不想，从小就不想，且从来没有对任何人讲过。小孩子也有自尊心，也有判断能力，而且，从此以后，我就知道躲着大一些的男性了，直到大学毕业，觉得自己有能力驾驭感情了，我才开始和男性交往。现在，我也有了女儿，我就很小心地在保护她了"。

●在孩子向父亲认同的阶段，父亲有更多的责任教育孩子性别意识

很多遭遇异性触摸私处的女孩子，多是在3～6岁。这个年龄阶段，孩子开始向父亲认同。孩子从出生到3岁之间，需要在母亲那里获得安全感和依恋的满足；到了3岁，孩子的性别意识和独立意识都开始增强。无论男孩儿还是女孩儿，在这个年龄，都开始向父亲认同，觉得父亲可以给予他力量，带领他探索不一样的游戏世界，爸爸不像妈妈一样关注孩子的吃喝拉撒睡，在孩子心目中，爸爸妈妈是有分工的，妈妈给予安全、温暖的家，而爸爸可以起到安全保护、一起游戏、引导走向外面世界的作用，是有力量的。孩子在这个年龄阶段很希望有一个亲切、宽容、有趣、有能力的爸爸带自己玩儿。所以，在这个时期，女孩子也会更亲近爸爸。假如这个时期，女孩子在父亲那里没有获得更多的关注、陪伴、引导和帮助的话，她会在身边期待一个"替代"性质的爸爸。所以，女孩子也会在这个时期，对男性少了一些防备，让坏叔叔有可乘之机。

孩子在这个阶段，父亲是需要负起更多的责任教育孩子性别意识的，并需要以身作则，和孩子保持一定的距离。爸爸要在适当的时机，告诉孩子："爸爸是和你最亲近的异性都不可以随意触碰你身体这些部位，别的男性，哪怕是男的小朋友，也不可以。我们每一个人都是有隐私部位的，这个部位是属于自己的地方，这个地方可以让妈妈触碰，也是因为妈妈是我们的保护神，但其他人是不可以的。"

● 家长要冷静判断孩子情况，不要把焦虑情绪带给孩子

如果孩子向家长告知，有异性摸了孩子的隐私部位，家长要在第一时间冷静判断孩子的情况，不要急躁、不要紧张、不要把焦虑的情绪带给孩了，如果家长的情绪失控，反而给孩子带来更大的阴影，反而对孩子的心理健康适得其反。可以通过询问，判断孩子的诉求是什么。

比如，孩子只是跑过来轻声说："妈妈，有个叔叔（哥哥）摸了我小裤裤的地方。你不是说不可以让别人摸的嘛……"这个时候，家长可以说："是的，是不可以让别人摸的，因为那里是咱们自己的隐私部位。但看起来你还安全，你希望爸爸妈妈怎么做吗？"这样来澄清孩子的状况，然后再决定怎么做，或许孩子只是觉得需要告诉父母，寻求一下安全的保护而已。

假如孩子哭着来告状，那这个时候，家长先安慰孩子，如果有条件，给孩子喝口水，再来询问发生了什么。家长镇定地澄清事情的经过之后，也是要问孩子："宝贝，有爸爸妈妈在，不怕啊！你现在感觉怎么样？需要爸爸妈妈怎么做，你觉得心里最舒服呢？"先给予孩子一个态度上的支持。那么视情况，或者以后远离这个人，或者可以直接告诫这个人，但不要冲动，把对方激怒反而引来不必要的、更多的伤害。

女孩子，在成长的过程中，家长需要关注孩子性健康和性安全，男孩子也同样需要关注。最好的办法，就是家长在孩子成长过程中，给予孩子一个良好的关系氛围，而不是以工作忙等为借口，忽略和孩子的亲近与交流。孩子到了3岁，就可以和孩子经常探讨"希望妈妈都和你怎么在一起，希望爸爸为你做些什么"之类的话题。同时，家长还需要不断地给予孩子自信的赞扬，给予孩子自爱的教育、培养和训练。

身为父母，这些是责无旁贷的。但是，我们做父母的通常会向自己的父母对待我们小时候的样子认同，会在不知不觉就成了我们父母的样子。但我们成人了，有了学习和改变自己的能力，就需要自觉自知地冲破影响我们亲子关系的模型，在自己养育孩子的过程中，也让自己学习成长。

被异性摸了隐私部位，本身并不可怕，可怕的是我们会放大伤害，放大我们的反应度。而过度的反应反而会强化孩子的感受，以至于造成或放大孩子的心理阴影。

发现孩子被异性摸了隐私部位：

平时可以在适当时候提醒孩子：

话
术

● 我们每一个人都有隐私部位的，这个部位是属于自己的地方，是不可以让其他人触碰的。

● 如果有人想摸你的隐私部位，你一定要拒绝，可以喊出来，而且要让爸爸妈妈知道。

如果发现孩子被人触摸了隐私部位，家长避免反应过度，可以温柔安慰：

● 宝贝，有爸爸妈妈在，不怕！你现在感觉怎么样？如果不舒服就说出来啊。

● 妈妈知道你现在心里面不开心，没关系，以后小心一些就好了。现在需要爸爸妈妈怎么做你会觉得好受一些呢？

家长如何应对孩子逃学：

从积极心理学的角度看待孩子不去上学的原因

记得沈从文先生在他的《从文自传》中，描述过他小时候逃学的经历，那时候没有监控也没有电话，没有即时的联络方式，所以他优哉游哉地逛了一天湘西老家的小镇，上了一天社会的学堂。但是，我们现在的孩子逃学，就没有这么淡定了，他一定是担惊受怕担心老师的批评、告状再被父母训斥，甚至还会招致一顿痛打。只有很小的孩子不知逃学意味着什么，他或许是被诱惑了，然后不计后果地跟着跑了，玩儿得开心，回来却遭到一顿训斥。

●家长情绪的爆发，会刺激孩子的应激反应

我们家长第一时间知道孩子"逃学"时，几乎都会很疑惑不解。"为什么？孩子为什么会逃学？"继而，家长就会由疑惑转为担心，又由担心转为愤怒。然后，在见到孩子的第一时间，就爆发了积累的"疑惑＋担心＋愤怒＋……"的情绪，冒出一连串的质问："为什么逃学？你知不知道我们都担心死了！你怎么这么不懂事！你干嘛去了？你和谁在一起？要是被坏人拐走怎么办！……"在家长激烈的情绪爆发下，孩子通常会表现得"大义凛然"，拒绝回答。从而更招来家长

升级的情绪。

　　但家长不了解的是，孩子在此时知道事情的严重性或者面对家长和老师的斥责下，他的大脑瞬间就会处于"死机"的状态，也就是心理学中的"应激反应"中，而应激最初的反应，就是"木僵"状态，我们俗语说"懵圈了"。这个时候，孩子的思维是混乱的。即便有些孩子看似镇定，但他内心的紧张感、压迫感也是存在的。

　　因此，家长在得知孩子"逃学"的事情后，需要尽量让自己镇定，不要急于问孩子话，而是先缓解自己的情绪，安慰一下自己："至少，孩子安全回来了。"我们可以先深呼吸几次，直至心情平复一些。可以喝些水，尤其是喝点儿带甜味的水。同时，给孩子也喝一些带甜味的水，让彼此都缓解一下紧张焦虑的情绪。

　　之后的沟通，家长首先不要用"逃学"二字去描述和定义孩子没有上学的行为，而是尽量用平和的语气告诉孩子"我们找不到你很担心，担心你的安全问题"。在心理学中，语言是有暗示作用的，也许家长一句无意识的"你为什么逃学"脱口而出，孩子就被"逃学"的概念"催眠"，以后在类似的状态下真就可能会再"逃学"。

　　在回家后，家长可以让孩子吃饱喝足，之后再和孩子谈没有去上学这件事。家长在饭前就和孩子说清楚家长可以说"今天你没有正常地上学，我想你一定有你的原因""好在你能平安回来，爸爸妈妈就放心了""如果你想和爸爸妈妈讲一讲今天的经过，那就晚一些，咱们出去散步的时候聊聊吧"。这样，让孩子不必停留在紧张情绪中，孩子不必时刻准备着父母的批评，甚至斥责。当我们有了心理准备，就不会时时处于紧张状态。孩子会预先做好心理准备：爸爸妈妈现在不会骂我；我可以放松地吃饭；爸爸妈妈愿意听我的讲述；出去散步是在外面，在外面爸爸妈妈就不会发脾气等。

● 孩子不去上学，有他自己的期待和愿望

孩子的行为一定是有他的原因的。那么，我们依旧从积极心理学的角度来看待孩子不去上学的原因：孩子有他自己的期待和愿望，哪怕是被其他人带动而没去上学校，在他看中的那个人身上有吸引他的地方，比如是一个要好的同学带他不上学，那么，他也一定是被那个同学吸引，如果说那个同学说可以让他得到什么东西，那也是孩子渴望得到而没有得到的。曾经在十几年前，我在做戒网瘾的公益活动时，有个四川的男孩子，就是被邻居大哥哥以一双名牌运动鞋"勾引"到网吧，参加游戏比赛去的。而这个男孩子曾经和父亲要过这双鞋，父亲很不耐烦地说"有本事你考个第一回来，你才有资格找我要"。孩子从此沉溺网吧之后，父亲几次去网吧都叫不回孩子，乃至孩子完全不再去学校了。

当孩子的愿望没有被父母正视，没有很好的激励机制来实现孩子愿望的满足时，孩子是会自己去想办法的。家长需要经常关注孩子希望什么、和谁交往、交往的孩子或大人是什么样的，才能及时给予孩子期待的反馈。

但其实，孩子尤其是年龄小的孩子，更多的需要，是父母温柔的陪伴与倾听、适度的关注和帮助以及及时的表扬与奖励。当你有了孩子，你就不是原来的你了，你们夫妻也不是原来的夫妻了，你们的中间，进入了一个属于你们的共同的小生命，这个小生命需要你们共

同用心抚养、呵护、教育并给予成长所需要的心力、物力和能力。所以，请家长给予孩子正向的关怀，让孩子幸福、健康地成长。

家长如何应对孩子逃学：

话
术

● 今天，你没有正常地上学，我想你一定有你的原因。

● 能告诉我今天为什么不想去学校吗？我们不知道原因，怎么去谅解你呢？

● 爸爸妈妈知道你一定有你的原因，我们很愿意倾听你的需要，帮助你的。

● 如果你想和爸爸妈妈讲一讲今天的经过，那就晚一些，咱们出去散步的时候聊聊吧。

心理小知识

"饭前不训子"是有生理心理学理论基础的。心情会影响食欲，胃部疾病在心身症上主要是情绪而至，孩子因为受批评或担心批评，而导致食欲不振，影响身体发育，并且也会造成孩子以后一紧张就会在胃部出现问题的情况。

图书在版编目（CIP）数据

有能量的父母话术/张濮著 . —北京：中国农业
出版社，2021.8（重印2021.9）
　　ISBN 978-7-109-28232-2

　　Ⅰ.①有… 　Ⅱ.①张… 　Ⅲ.①家庭教育 　Ⅳ.①G78

中国版本图书馆CIP数据核字（2021）第088332号

中国农业出版社出版
地址：北京市朝阳区麦子店街18号楼
邮编：100125
责任编辑：全　聪　　文字编辑：赵冬博
责任校对：吴丽婷　　责任印制：王　宏
图书出品：至乐书坊
印刷：北京汇瑞嘉合文化发展有限公司
版次：2021年8月第1版
印次：2021年9月北京第2次印刷
发行：新华书店北京发行所
开本：880mm×1230mm　1/32
印张：12
字数：245千字
定价：68.00元
